高温材料プロセスにおける熱移動の基礎とケーススタディー

Metallurgical Heat Transfer

from a lecture note of Professors Brimacombe and Samarasekera

竹内栄一 *Eiichi Takeuchi*　田中敏宏 *Toshihiro Tanaka*

大阪大学出版会

Contents

はじめに

熱の移動は物理現象の中で最も身近な現象のひとつであると共に、体系化が進んでいる学術分野でもある[1)]。工学的に見ても、熱の移動は、物質の移動、反応、流動と並んで、極めて重要な要素現象であり[2)]、材料工学の領域においては製造プロセスの設計や材質の制御を行う上で欠かす事の出来ない基礎知識[3)、4)]であることは言うまでもない。

本書は材料製造プロセスに関与する様々な熱移動現象を「Metallurgical Heat Transfer」と題し、大学生および技術者を対象に伝熱の基礎と解析法をケーススタディーを通して習得できるように企画したものである。

テキストの前半では〈1〉伝導伝熱、〈2〉対流伝熱、〈3〉輻射伝熱のアウトラインを紹介する。〈1〉伝導伝熱においては内部熱抵抗の大きさによる解法の選択や数値解析の基礎について、〈2〉対流伝熱においては熱伝達係数に対する流動の関与、特に境界層構造の理解と無次元数を含む解析式との関係について、〈3〉輻射伝熱においては透過率、輻射率、形態係数を組み込んだネットワーク解法について、理解を深めることができる。テキストの後半では材料製造プロセスに関連した多くのケーススタディーを通して実践的な方法論の初歩を習得できる。

なお本書は、Brimacombe教授（前カナダ・イノベーション基金CEO）、およびSamarasekera教授（前アルバータ大学学長）がプロセスメタラジーの分野で活発に研究・教育を行っていた時代のブリティッシュコロンビア大学における講義ノートをベースに作成したものであり、前書『Metallurgical Mass Transfer／高温材料プロセスにおける物質移動の基礎とケーススタディー』[5)]同様、英語表記のテキストを中心に日本語で解説を加えるスタイルをとった。講義ノートの使用許諾に深く感謝する。

平成28年７月30日

著者

本書の構成

本書は大きく分けて、以下の３領域で構成される。

「高温プロセスにおける熱移動の重要性とアウトライン」……第Ⅰ章、第Ⅱ章

「熱移動の基礎理論」……第Ⅲ章、第Ⅳ章、第Ⅴ章、第Ⅵ章

「演習問題」……第Ⅶ章、第Ⅷ章

第Ⅰ章では、高温プロセスの代表例として「鉄鋼プロセス」を取り上げ、１）ペレット製造プロセス、２）コークス製造プロセス、３）高炉プロセス、４）転炉プロセス、５）連続鋳造プロセス、６）厚板圧延プロセスの概要と各プロセスにおける熱移動の重要性について述べる。

第Ⅱ章では、熱移動の特徴と基礎を要約する。

１）基本となる熱収支と支配方程式、これらを解くために必要な２）熱移動のメカニズム——伝導、対流、輻射、および３）これらが組み合わさった熱移動の問題の取り扱いについて概説する。

第Ⅲ章では、熱伝導について学ぶ。

１節では、熱収支より支配方程式を導く。

２節では、一次元の熱伝導に関し、二重円管、フィン効果を例に説明する。

３節では、以下の定常熱伝導の解法を紹介する。

１）解析解、２）グラフィック解法、３）アナロジーを利用した実験的解法、４）数値解析法

４節では、非定常熱伝導の解法について紹介する。

１）内部抵抗が無視できる場合の集中パラメータ法、２）内部抵抗が無視できない場合のチャート解法、３）数値解析法

第Ⅳ章では、対流熱伝達について学ぶ。

１節では、境界層の構造と理論について説明する。平板上の境界層、円柱を横切る流れにおける境界層剥離を紹介した後、

２節では、熱伝達係数の評価について

１）次元解析と実験式の紹介、２）運動量とエネルギーの移動に関する解析解からの熱伝達係数や無次元数を含む理論式の導出、３）熱と運動量の移動に関するアナロジーについて解説する。

３節では、自然対流について

１）垂直平板に沿った自然対流と伝熱、２）水平面での自然対流による伝熱、３）球や直方

体からの自然対流による伝熱についてNu数、Gr数、Pr数の関係式を紹介する。

4節では、強制対流について

1）種々の形状の管内の流れと伝熱について説明すると共に、2）Nu数、Re数、Pr数の関係についての例を紹介する。

5節では、円柱の外側の流れについて、境界層剥離と局所Nu数分布とを関連づける。

第Ⅴ章では輻射熱伝導について学ぶ。

1節では黒体とStefan-Boltzmannの法則の紹介に始まり、

1）反射率、吸収率、透過率の紹介と輻射率、2）Kirchhoffの法則、3）輻射エネルギーの導出について説明する。

2節では輻射特性と形状係数について、

1）半球内の黒体と半球面上の部分領域間の輻射に関する輻射強度とソリッドアングルの定義、2）形状係数の導出と輻射エネルギーとの関係について説明する。

3節では輻射伝熱を電気回路と対比させたネットワーク法を用い、以下のケースについて解説する。

1）2個の黒体間の輻射、2）3個の黒体間の輻射、3）2個の灰体間の輻射、4）3個の灰体間の輻射

第Ⅵ章では相変化における熱移動（沸騰伝熱）について学ぶ。

沸騰時の熱流束変化の特徴につづき、鋳造や圧延プロセスにおいての冷却における沸騰現象の理解と制御の重要性について説明する。さらに沸騰が発生する領域において、核沸騰におけるRohsenouの式、Zuberの式、フィルム沸騰の式について説明する。

第Ⅶ章では第Ⅱ章から第Ⅵ章で学んだ基礎知識を用い以下の課題について演習を行う。

1. アルミニウム精錬炉における凝固層の形成
2. 溶融鉛を保持するレードルの柄の熱伝導
3. 鋼インゴットの空冷速度の予測
4. 鋼スラブの水冷速度、空冷速度の予測
5. 鋼の連続鋳造における鋳型内定常2次元温度分布の解析
6. 鋼線材製造のStelmorプロセスにおける冷却制御
7. 溶鋼を保持したレードルからの熱損失
8. 円管内流れにおける運動量と熱移動のアナロジー
9. 円管内の沸騰熱流束と対流熱流束
10. 電気炉に設けた観察窓を通しての輻射エネルギー

第Ⅷ章は“Additional Discussions”と題した練習問題を提供する。第Ⅶ章のようにすべてを解説するのではなく、前章までの解説や演習で学んだ理論や方法論に基づき自由に議論できる構成とした。

以上のように本書作成にあたっては、マテリアルプロセッシングを学ぶ学生や技術者を対象に、必要な熱移動の基礎的知識を解説すると共に、多くのケーススタディーを用いて実践的な方法論を習得できるよう心がけた。また、このテキストは英文を中心に構成し、和文で解説を補うようにして、本分野の英語での表現にも親しめるようにした。

Chapter 1

Introduction of Heat Transfer in Metallurgical Processes ——Steelmaking Process and Heat Transfer

1. Pelletizing of Iron Ore[6)]

(Heat transfer, Mass transfer, Chemical reaction)

Pellets are the synthesized iron ore of about 15mm in diameter to be charged as one of the raw materials in the blast furnace. They contain ~70% of Fe and additional materials, such as limestone, dolomite and bentonite (binder). In order to afford the pellets enough strength and appropriate characteristics, the pellets are subjected to thermal processing, which involves stages of drying, burning, and cooling.

高炉で使用する原料の一つのペレットはFig.1-1に示すような工程で、主成分である粉状の鉄鉱石、石灰石、およびバインダーを混練し、ペレタイザーで球状(直径約15mm)に整形される。さらにキルンで1,000℃以上に昇温し、乾燥、固体焼結させて強固な粒状塊成鉱石が製造される。装置面からは、キルン炉内部のガス燃焼、外部へ抜熱を考慮した炉内の温度分布、材料プロセシングの視点ではペレット内部の熱履歴の制御が重要である。

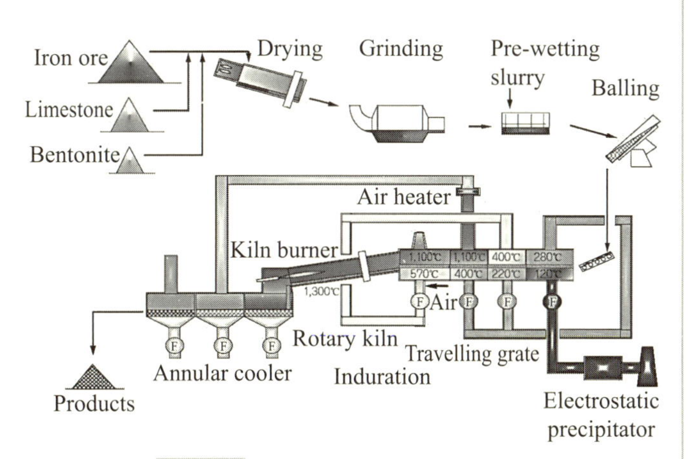

Fig. 1-1 Flow of pelletizing process.

2. Coke Making[7)]

(Heat transfer, Mass transfer, Chemical reaction)

The transformation of coal to coke takes place in coke oven; the heat is transferred through the brick walls of the combustion chamber into the carbonizing chamber. From about 400℃, the coal begins to decompose near each wall. At about 500~600℃, generations of tar and aromatic hydrocarbon compounds, then solidification of the plastic

高炉の主要原料であるコークスは、コークス炉において石炭を蒸し焼きにして製造される。隣接する燃焼室で発生した熱は耐火物製の壁を通し石炭槽に伝達され、500℃以上で揮発成分が除去された後、コークスが形成され始め1,000℃以上で完了する。高温のコークスは水冷、もしくはガス冷却（熱の一部は回収）される。

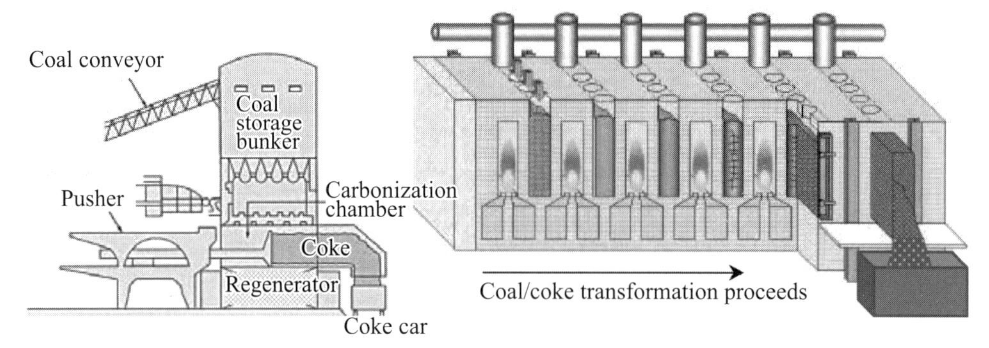

Fig. 1-2 Coke making process.

mass occur. In the range of 600～1,100℃, the coke stabilization phase forms. This is characterized by contraction of coke mass and structural development of coke. Finally the formed coke is pushed from the oven and is wet or dry quenched.

3. Reduction in Blast Furnace[7)]

(Heat transfer, Mass transfer, Chemical reaction)

At the top of the furnace, CO_2, unreacted CO, and N_2 from the air pass up through the furnace as fresh feed

高炉羽口から1,000℃以上に熱せられた空気が吹き込まれ、高炉下部のコークスと反応してさらに2,500℃近くまで昇温したCOガスは融着帯を通過して装入帯を上昇する。高炉上部から見ると、①鉄原料のヘマタイトがマグネタイトに還元され(200～700℃)、②850℃以上でマグネタイトがウスタイトに還元され、最後に③ウスタイトが鉄に還元される工程をたどる。①および③は発熱反応であるが、②は吸熱反応である。還元反応で生成したCO_2ガスはCと反応して再びCOガスとなるがこれは吸熱反応である。このように高炉内部では原料やガスの移動と炉体内での反応が温度分布を決定する重要な役割を果たしている。
一方、熱風炉においても高炉排ガスによる蓄熱や送風に伴う空気の加熱について効率的な熱移動が期待されている。

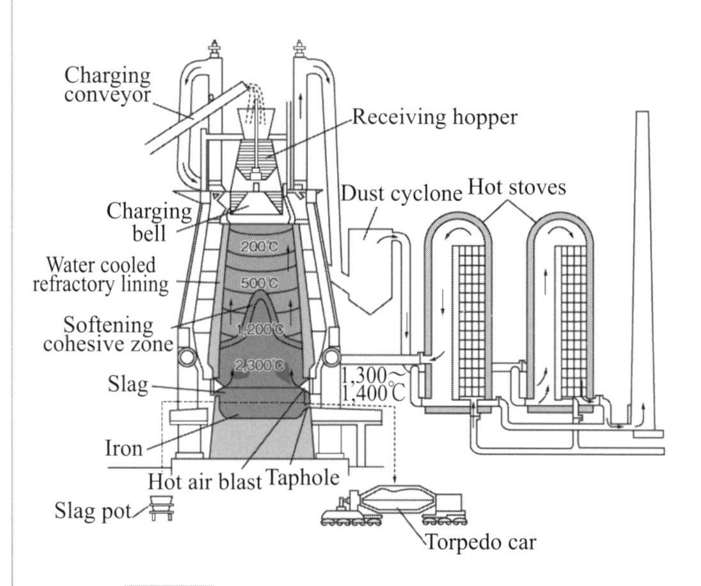

Fig. 1-3 Blast furnace facilities and process.

material travels down into the reaction zone. In the range between 200℃ ～ 700℃, the iron oxide (Fe_2O_3) is partially reduced to iron oxide (Fe_3O_4).

At temperature above 850°C, down in the furnace, the iron oxide (Fe_3O_4) is reduced further to oxide (FeO) and to iron.

4. Refining in Basic Oxygen Furnace[5)]

(Heat transfer, Mass transfer, Chemical reaction)

Liquid iron produced by a blast furnace is introduced into BOF converter. Oxygen is injected at supersonic speed onto the surface of the iron bath through a water-cooled lance. The lance supplies pure oxygen over the hot metal, reacting the carbon in liquid iron, to form carbon monoxide and carbon dioxide, and making the temperature rise to about 2,000°C. During refining, metal and slag in BOF form an emulsion in the vicinity of their interface, which promotes the refining speed. Total processing period will be within 30 minutes.

高炉で製造された銑鉄は、必要に応じて予備処理を経て転炉に、スクラップやCaOなどの副原料と共に挿入される。これら副原料の顕熱による温度低下が生じるが、続いて水冷された銅ランスを通じて純酸素ガスが吹き込まれ、溶鉄中のCと反応してCOガスを生成する際に火点温度は2,000℃を超え溶鋼温度は上昇する。さらに生成したCOガスは酸素ガスとも反応してCO_2ガスとなるが、これは発熱反応であり、溶鋼へ着熱すれば有利である反面、転炉上部の耐火物の熱的負荷は大きい。

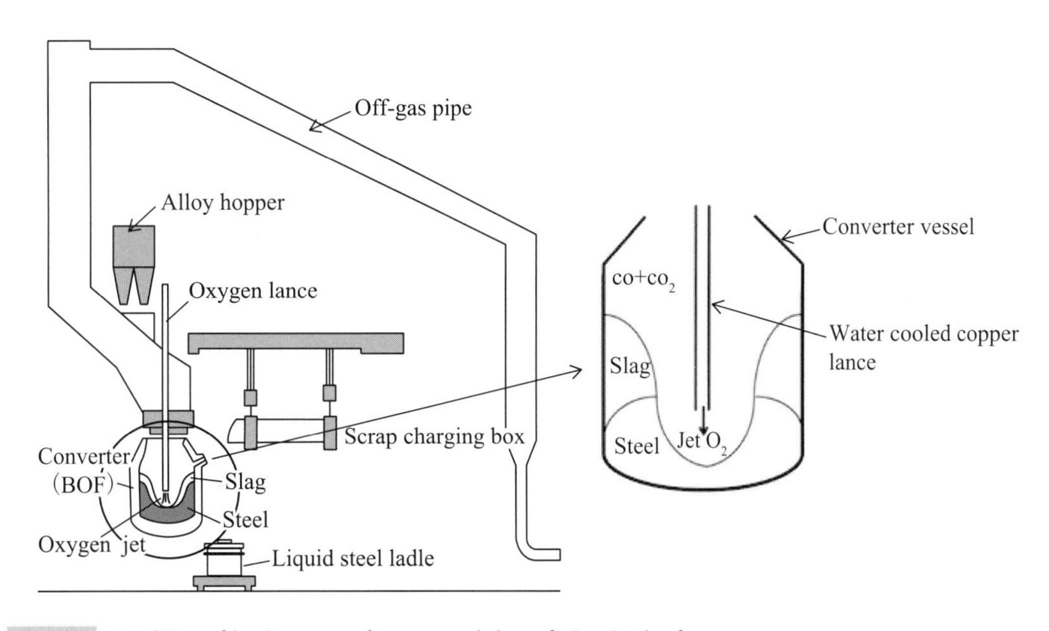

Fig. 1-4 Facilities of basic oxygen furnace and the refining in the furnace.

5. Continuous Casting[7)]

(Heat transfer, Solidification, Mass transfer, Chemical reaction)

転炉で製造された溶鋼は必要に応じ脱ガス処理などを施され、連続鋳造プロセスにレードルで運ばれる。溶鋼は耐火物性のノズルを通じてレードルからタンディッシュ、さらに鋳型に注入される。銅製の鋳型は水冷されており、鋳型内部に注入された溶鋼はその壁面で冷却・凝固する。鋳型は上下に振動しており、鋼との融着を防止している。鋳型内の溶鋼プール上部にはモールドフラックスという複合酸化物が添加され、放熱に伴う溶鋼の温度低下を防止している。溶鋼の顕熱で部分的に溶融したフラックスは鋳型と凝固シェルの間に流入し潤滑剤の役割を果たしている。

鋳型内では鋼の凝固が進行するが、凝固に続いて発生する相変態によるシェルの変形が、鋳片表面割れの形成に関係する。シェルの変形防止の点では鋳型内における緩冷却が望ましい。鋳型を出たシェルはスプレーで水冷され完全に凝固してビレットやスラブとなるが、鋳型下でのスプレー冷却においては、表面割れ防止の点から緩冷却や均一冷却が重要である。

The liquid steel in the ladle is transferred via a refractory shroud to a tundish. Liquid steel is then introduced from the tundish through the submerged entry nozzle into the copper mold. The mold is water-cooled to solidify the liquid steel. The mold oscillates vertically to supply the mold flux as lubricant into the gap between mold wall and solidifying shell. The mold flux is added on the meniscus in the mold. A thin shell of metal next to the mold walls solidifies in the mold. The bulk of metal within the walls of the strand is still molten. Down the mold the strand is immediately supported by closely spaced rollers. The strand is sprayed with a large amount of water as it passes through the spray chamber to be solidified completely.

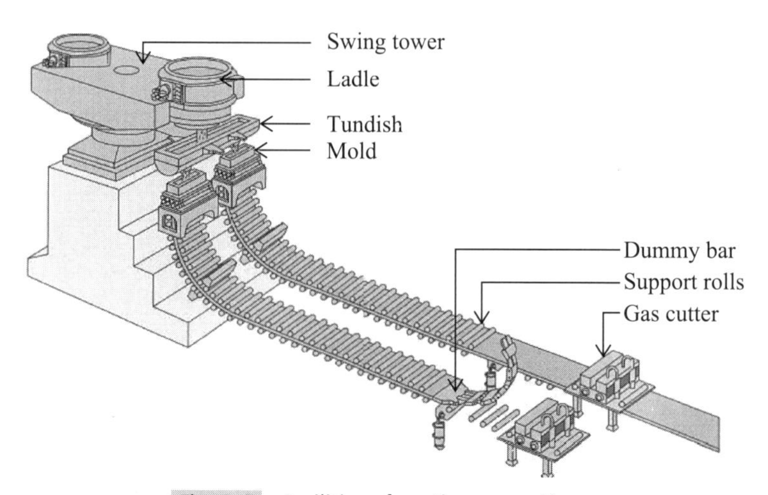

Fig. 1-5 Facilities of continuous casting.

6. Rolling Mill[7]

(Deformation, Heat transfer)

Semi-finished casting products, such as slabs, blooms, and billets, are cooled to inspect for surface defects. After inspection and treatment, they are reheated by soaking pits above the recrystallization temperature prior to the hot rolling process. The grains deform during rolling, then they recrystallize, which provides the microstructure to obtain the required mechanical properties.

鋳造されたビレットまたはスラブは表面を手入れした後、加熱炉で約1,000℃以上に再加熱されて圧延に供される。再加熱(逆変態)により鋼の組織は微細化され、続いて圧延による大きな歪や熱履歴（冷却速度）による再結晶を経て目的とする組織に制御される。

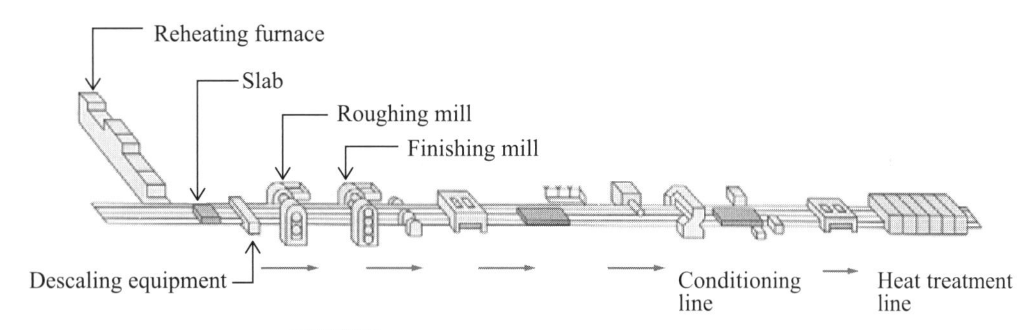

Fig. 1-6　Flow of rolling process for heavy plate.

Chapter II

Basic Outline of Heat Transfer

1. Heat Balance

Heat is a form of energy must be conserved. So we can obtain laws governing the transfer of heat from the basic balance of energy.

熱収支から熱移動の支配方程式を導いてみよう。

〈Step 1〉 Define a control volume or isolate a part of a system for analysis.

〈ステップ１〉
まず、熱バランスをとる要素(control volume)を決める。要素は系全体(whole system)を対象とする場合もある。
熱収支を取るにあたっては、各項の単位に注意する必要がある。例えば二次元の場合、奥行きとして１を乗じ、熱伝導率などの物性値を含めて、各項の単位が適切であるか、揃っているか、確認する必要がある。

e.g. 1-D system

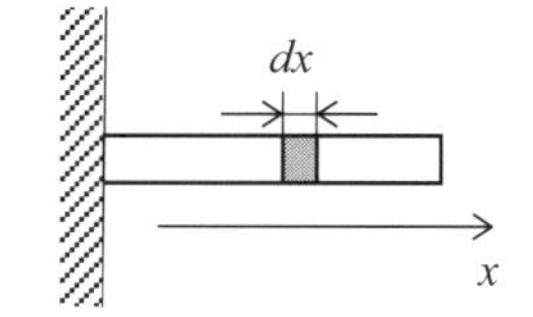

$T = f(x, t)$
Choose an infinitesimal length element.

e.g. 2-D system

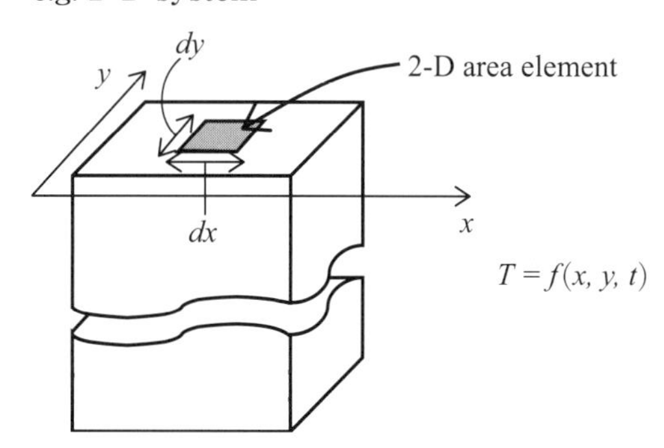

e.g. 3-D system

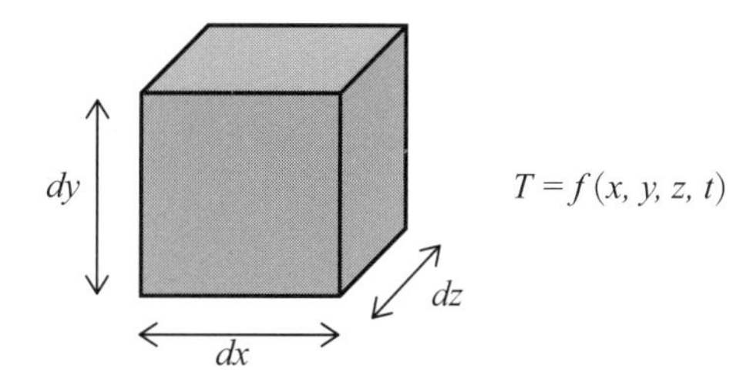

e.g. Whole system

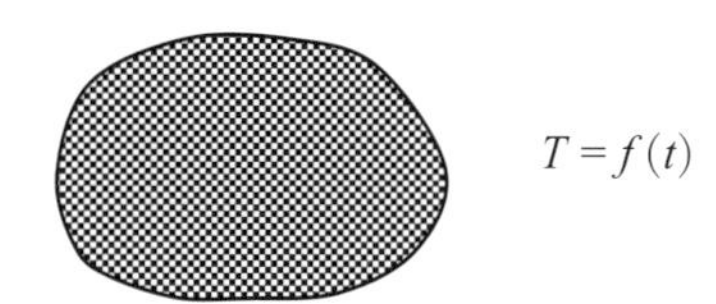

$T = f(t)$

〈ステップ２〉
取り上げた要素において、以下のように熱収支を取る。
{(要素に入る熱の速度)－(要素から出る熱の速度)}＋{(要素内で生成する熱の速度)－(要素内で消費される熱の速度)}＝{要素内に蓄積される熱の速度}

熱移動を記述する重要なパラメータに「熱流束」がある。これは単位面積を単位時間当たりに移動する熱量である(W/m^2)。

右図のような２次元要素において熱収支を取ってみよう。

熱流束q_xがAB面から入り、$q_x+\frac{dq_x}{dx}dx$の熱流束がCD面から出る。要素内のx方向には$\frac{dq_x}{dx}$の熱流束の勾配があり、厚みdxの距離離れたCD面から出る際には$q_x+\frac{dq_x}{dx}dx$、すなわちdq_xだけ増加していることになる。
y方向についても同様である。

q_g, q_cはそれぞれ単位体積中の熱の生成速度、消費速度である(単位は双方ともW/m^3であることに注意)。

要素内の熱の蓄積速度は Eq.2-5で表されるため、要素内の熱収支は Eq.2-6 のようになる。

なお、Eq.2-1からEq.2-5 において体積を与える際に奥行きとして１を使用している。ρ、C_pはそれぞれ要素の密度、比熱である。

〈Step 2〉 Write a heat balance.

(Rate of heat input)－(Rate of heat output)
＋(Rate of heat generation)－(Rate of heat consumption)
＝(Rate of heat accumulation)

First, choose an area element.

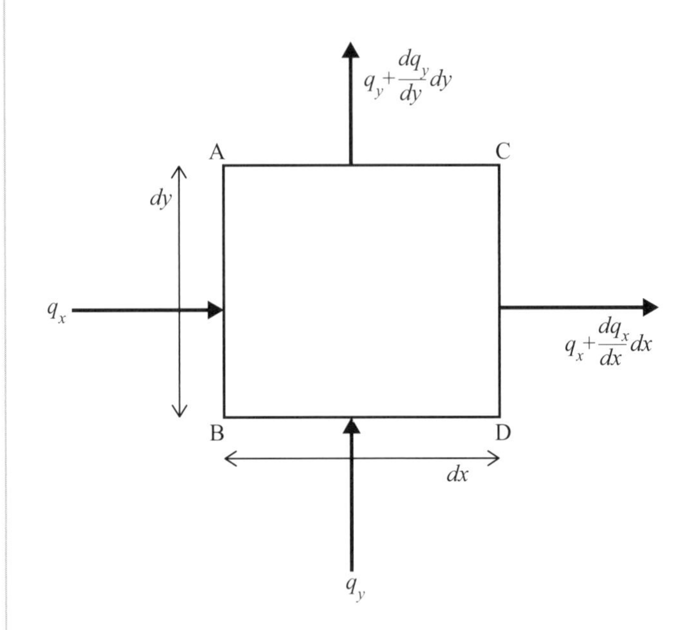

$$\text{Rate of heat input} = q_x dy\cdot 1 + q_y dx\cdot 1 \quad (2\text{-}1)$$

$$\text{Rate of heat output} = \left(q_x+\frac{dq_x}{dx}dx\right)dy\cdot 1+\left(q_y+\frac{dq_y}{dy}dy\right)dx\cdot 1 \quad (2\text{-}2)$$

$$\text{Rate of heat generation} = q_g dxdy\cdot 1 \quad (2\text{-}3)$$

$$\text{Rate of heat consumption} = q_c dxdy\cdot 1 \quad (2\text{-}4)$$

$$\text{Rate of heat accumulation} = \rho C_p dxdy\cdot 1\frac{\partial T}{\partial t} \quad (2\text{-}5)$$

※check a unit of each term $\left(\frac{\text{kg}}{\text{m}^3}\cdot\text{m}^3\frac{\text{kJ}}{\text{kg}^\circ\text{C}}\frac{^\circ\text{C}}{\text{s}}\right)=\left(\frac{\text{kJ}}{\text{s}}\right)$

Then the heat balance equation in 2-D system is expressed as,

$$\boxed{-\frac{\partial q_x}{\partial x}-\frac{\partial q_y}{\partial y}+q_g-q_c=\rho C_p\frac{\partial T}{\partial t}} \quad (2\text{-}6)$$

〈Step 3〉 **Solve the differential equation resulting from a heat balance.**

〈ステップ3〉
この収支式を解くためには熱流束を温度、系の形状や物性の関数として表現する必要があるが、そのために次に示すような熱移動の機構を理解する必要がある。

We must be able to specify what $(q_x + q_y)$ are as a function of temperature, geometry and properties of the system. This necessitates a study of the mechanism of the heat transfer.

2. Mechanism of Heat Transfer

2.1 Conduction

Heat is transferred by thermal conduction from a region of high temperature to low temperature by (a) molecular vibration or by (b) electron cloud, whereas the heat flow rate $\dot{q}_x$ is represented by Fourier's law of heat conduction (1822).

熱伝導は電子、分子のレベルでは温度差による (1) 分子振動、もしくは (2) 電子雲によって進行すると考えられるが、マクロ的には「Fourierの法則」による熱流束として記述される。
例えば、x方向に移動する熱流量＝熱流束に面積を乗じたもの $\dot{q}_x$(W)はEq.2-7のように表される。

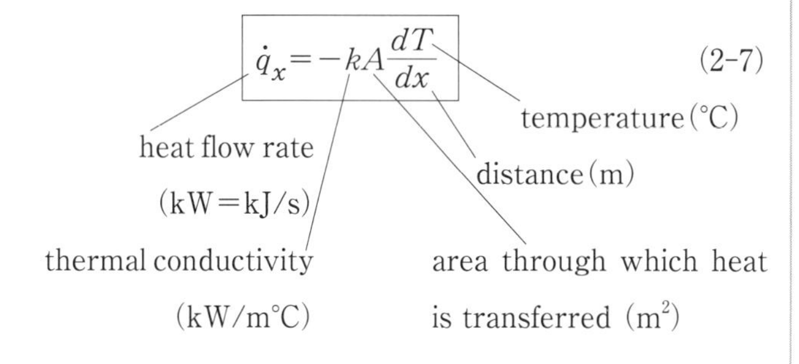

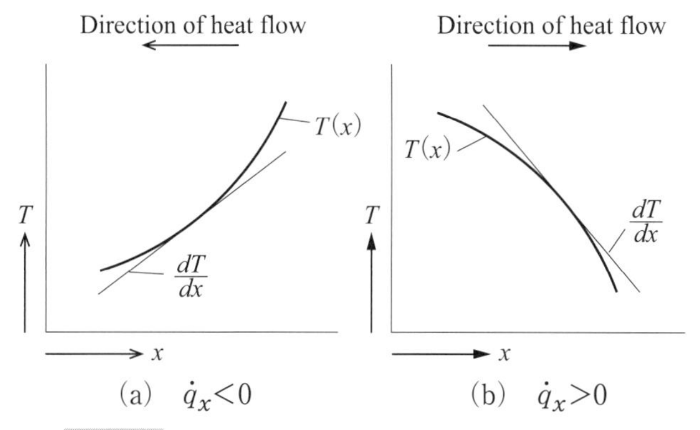

Fig. 2-1 Sign convention for conduction heat flow.

A sign convention of Eq.2-1 can be explained by Fig. 2-1 (a) in case of $\dot{q}_x<0$ and (b) in case of $\dot{q}_x>0$.

Eq.2-7の負号は温度勾配と熱流量の向きを補正するためのもので、Fig.2-1によって理解することができる。

ガスの熱伝導率は統計熱力学におけるChapman-Enskog理論により(2-8)式にしたがって見積もることが出来る。

(i) gases

Thermal conductivity may be calculated from the Chapman-Enskog theory,

$$k=\frac{1.9891\times10^{-4}\sqrt{\frac{T}{M}}}{\sigma^2\Omega_k} \tag{2-8}$$

T : ℃

M : molecular weight

$\sigma^2\Omega_k$: Lennerd Jones parameters associated with the intermolecular forces.

一方、液体や固体の熱伝導率は理論予測が十分な精度を持っているとは言い難く、一般には実験によって計測されたものが使用されている。液体、固体の熱伝導率は圧力に依らず温度の依存性も小さい。

(ii) liquids and solids

The theoretical expression for k are not very satisfactory. k is independent of pressure and is a weaker function of temperature.

2.2 Convection

対流熱伝達に関与する流れは、(a)自然対流（熱対流）、(b)強制対流に分類される。

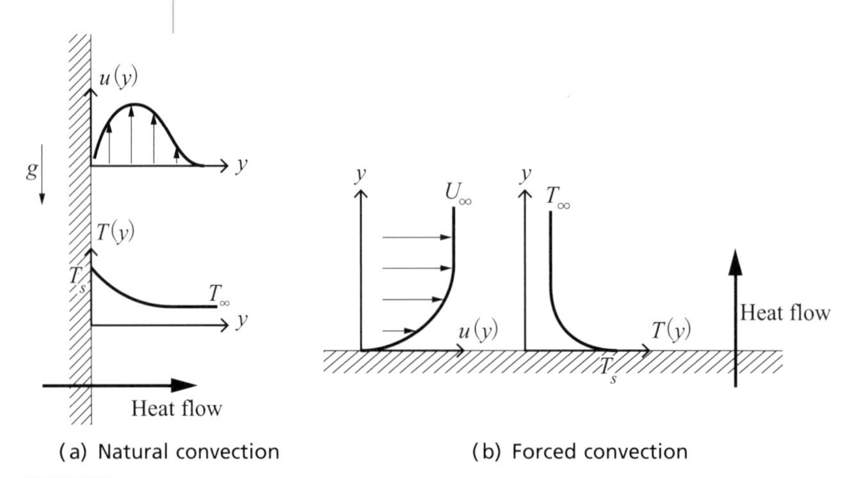

(a) Natural convection　　(b) Forced convection

Fig. 2-2　Velocity and temperature distributions for the natural and the forced convection.

対流が存在する場合の熱移動は次のステップによって進行すると考えられる。

Convection is the most important form of energy transfer between a solid surface and a gas or a liquid. It takes place by a combination of two steps.

1)固体表面から隣接する液体の分子層への伝導。

1) Heat flows by conduction from a hot surface to immediately adjacent molecules of fluid.

2) Fluid molecules that have energy move around due to buoyancy forces or can move by stirring.

$$\dot{q}_{cv}=Ah(T-T_a) \tag{2-9}$$

T_a: ambient temperature of fluid (°C)
T: surface temperature of heated solid (°C)
h: heat transfer coefficient (kW/m²°C)

h: empirically determined depends on fluid properties, system geometry, and degree of mixing or agitation.

2)浮力（自然対流の場合）もしくは攪拌（強制対流の場合）による周囲の流体へ熱エネルギーの分散。

この場合の熱流量は一般にEq.2-9で表されるが、ここでの駆動力は固体表面と液体バルクの温度差であり、コンダクタンス（抵抗の逆数）は熱伝達係数hと界面積の積で表される。hは固液界面における熱の伝わりやすさを表す係数で、液体の物性、系の幾何学的特長、および流れの特徴に依存しており、実験的に求められる。

2.3 Radiation

Heat transfer takes place by electromagnetic waves of a certain wavelength. If two objects are separated in space by a vacuum or a medium that is transparent to thermal radiation then heat exchange may occur.

隔離された2個の物体の熱伝達が所定の波長帯での電磁波によって引き起される事象が輻射である。
Fig.2-3に電磁波周波数帯において、輻射に関与する周波数領域を示す。

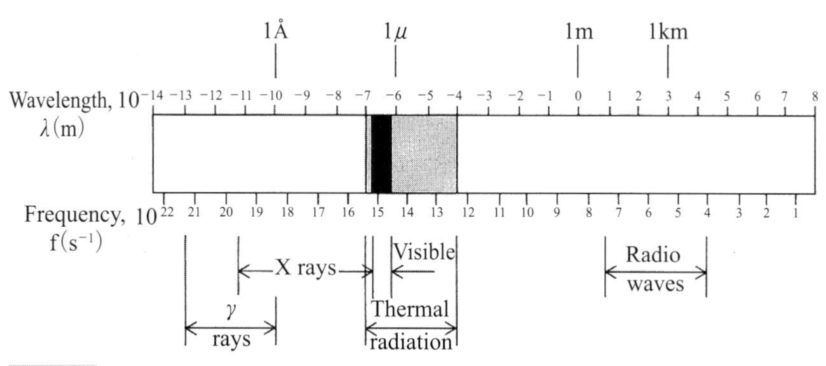

Fig. 2-3 Thermal radiation portion of the electromagnetic spectrum.

Stefan's law for thermal radiation is expressed by Eq. (2-10),

$$\dot{q}_R=\sigma A T^4 \tag{2-10}$$

σ : Stefan-Boltzmann constant

$=0.1714(10^{-8})$ Btu/hr·ft²K⁴

$=1.37\times10^{-12}$ cal/cm²·secK⁴

$=5.67\times10^{-8}$ W/m²K⁴

T : K, °R

A : area of cross section

Stefan's law defines the total radiation from a perfect emitter so-called blackbody. Most objects don't radiate or

Stefan-Boltzmannの法則(1879)は、熱輻射により黒体から放出される電磁波のエネルギーと温度の関係を表したものある(Eq.2-10)。
σはStefan-Boltzmann定数であり、ヤード・ポンド単位系、CGS単位系、SI単位系ではそれぞれ左記の数値となる。

〈注〉 °R（Rankine度）はFahrenheit度に対応する絶対温度(°F+460)。

「黒体」とは、外部から入射する電磁波を、あらゆる波長にわたって完全に吸収し、放射する物体を指すが、ほとんどの現実の物体はこのような理想的な黒体ではない。工業的には輻射の周波数帯を限定せず、Eq.2-11に示すようにEq.2-10式の右辺に放射率εを乗じた近似式を用いる。
物体1と2間の熱輻射による熱流量は形状係数を1として以下のように表される。
$\dot{q}_{R_{1-2}}=\sigma\varepsilon A(T_1^4-T_2^4)$

absorb in a perfect manner (gray body) and if a real object is at temperature T,

$$\dot{q}_R=\sigma\varepsilon A T^4 \quad (2\text{-}11)$$

emissivity $0<\varepsilon\leq 1.0$

2.4 Combined mechanism of heat transfer

Fig.2-4 に高温の溶融金属の溶解炉、あるいは保持炉(レードル)の外壁の熱移動の例を示す。

Let's consider the following example of furnace wall.

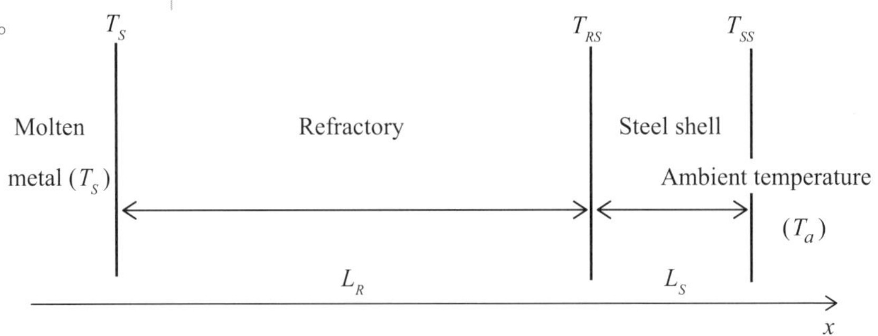

Fig. 2-4 Heat transfers in a furnace wall.

耐火物を通過する熱流量$\dot{q}_R$、鉄皮を通過する熱流量$\dot{q}_{SS}$、および鉄皮表面からの対流および輻射に伴う熱流量$\dot{q}_a$はそれぞれEq.2-12, 2-13, 2-14で表される。

Rate of heat conduction through refractory is,

$$\dot{q}_R=-k_R A\frac{dT}{dx}=k_R A\frac{T_S-T_{RS}}{L_R} \quad (2\text{-}12)$$

Similarly rate of heat conduction through steel shell is,

$$\dot{q}_{SS}=k_{SS}A\frac{T_{RS}-T_{SS}}{L_S} \quad (2\text{-}13)$$

Rate of heat transfer from surface by convection (h_c) and radiation (h_r).

$$\dot{q}_a=(h_r+h_c)A(T_{SS}-T_a) \quad (2\text{-}14)$$

ここでh_rは「輻射による見掛けの熱伝達係数(pseudo-radiation heat transfer coefficient)である。輻射による熱流量はEq.2-20となるが、系全体の熱移動を簡易的に表現するために、h_rをEq.2-22で定義する。

where h_r is so-called "pseudo-radiation heat transfer coefficient"

At steady state

$$\dot{q}_R=\dot{q}_{SS}=\dot{q}_a=\dot{q}$$

$$\frac{\dot{q}L_R}{k_k A}=T_S-T_{RS} \quad (2\text{-}15)$$

$$\frac{\dot{q}L_S}{k_{SS}A}=T_{RS}-T_{SS} \quad (2\text{-}16)$$

$$\frac{\dot{q}}{A(h_r+h_c)}=T_{ss}-T_a \quad (2\text{-}17)$$

$$\frac{\dot{q}}{A}\left[\frac{L_R}{k_R}+\frac{L_s}{k_{ss}}+\frac{1}{h_r+h_c}\right]=T_s-T_a \quad (2\text{-}18)$$

$$\boxed{\frac{\dot{q}}{A}=\frac{1}{\left(\frac{L_R}{k_R}+\frac{L_s}{k_{ss}}+\frac{1}{h_r+h_c}\right)}[T_s-T_a]} \quad (2\text{-}19)$$

定常状態ではこれらの熱流束は等価であるためEq.2-19のようにまとめることができる。

〈Note〉

$$\begin{bmatrix} \dot{q}_{rad}=A\sigma\varepsilon[T_{ss}{}^4-T_a{}^4] & (2\text{-}20) \\ \quad =h_rA[T_{ss}-T_a] & (2\text{-}21) \\ h_r=\sigma\varepsilon(T_{ss}{}^2+T_a{}^2)(T_{ss}+T_a) & (2\text{-}22) \end{bmatrix}$$

$$\dot{q}=\underbrace{Ah_{ov}}_{\text{overall conductance}}\underbrace{[T_s-T_a]}_{\text{driving force}} \quad (2\text{-}23)$$

系全体の熱流量は総括熱伝達係数h_{ov}を使ってEq.2-23のように表すことができる。

$$\dot{q}=Ah\Delta T \text{ or } \dot{q}=A\frac{k}{L}\Delta T \text{ is analogous to } i=\frac{\Delta V}{R} \quad (2\text{-}24)$$

熱回路を電気回路と対比させると、Eq.2-24、Fig.2-5 のように表現できる。

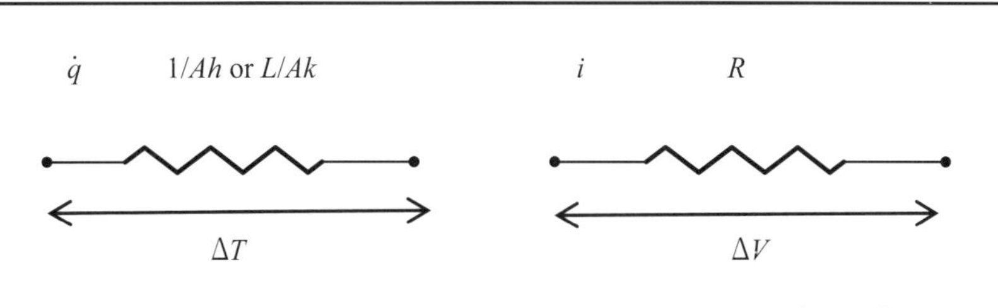

Fig. 2-5 Analogy of heat flux and electric current.

この場合の熱/電気回路は左図のように表現することができ、全抵抗はEq.2-26のようになる。

Applying electric circuit theory to the problem in Fig. 2-5, (heat transfer in a furnace wall)

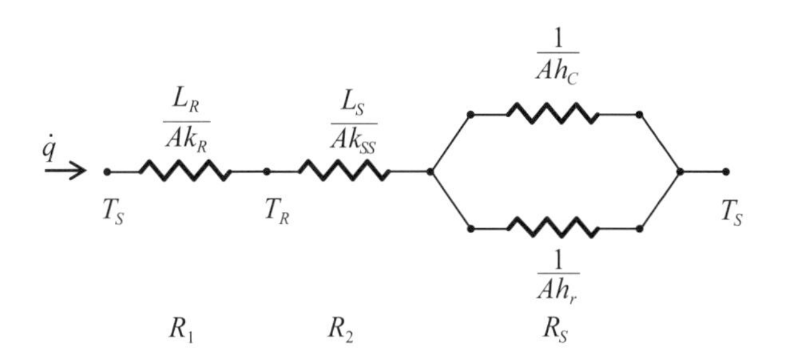

$$\frac{1}{R_3}=h_cA+h_rA \quad (2\text{-}25)$$

$$\Sigma R=R_1+R_2+R_3=\left[\frac{L_R}{Ak_R}+\frac{L_s}{Ak_{ss}}+\frac{1}{(h_rA+h_cA)}\right] \quad (2\text{-}26)$$

$$\dot{q}=\frac{T_s-T_a}{\Sigma R} \quad (2\text{-}27)$$

Chapter III

Conductive Heat Transfer

1. Governing Equations

3次元直交座標系における熱収支をFig.3-1に示す。

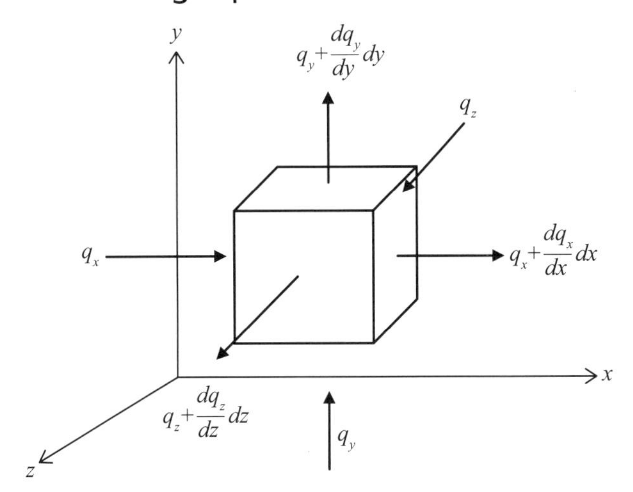

Fig. 3-1 Heat balances in three-dimensional control volume.

直方体要素への熱インプットはEq.3-1、要素からの熱アウトプットはEq.3-2となる。

Rate of heat input to control volume

$$=q_x\,dydz+q_y\,dx\,dz+q_z\,dxdy \tag{3-1}$$

Rate of heat output from control volume

$$=q_xdydz+\frac{\partial q_x}{\partial x}dxdydz+q_ydxdz+\frac{\partial q_y}{\partial y}dxdydz+q_zdxdy+\frac{\partial q_z}{\partial z}dxdydz \tag{3-2}$$

要素内における熱生成をEq.3-3,熱消費をEq.3-4で表す。

Rate of heat generation$=q_g\,dxdydz$ (3-3)

Rate of heat consumption$=q_c\,dxdydz$ (3-4)

一方、要素内における熱蓄積はEq.3-5で表される。

Rate of heat accumulation

$$=\frac{\partial T}{\partial x}\underbrace{dxdydz}_{\text{volume}}\rho c_p \tag{3-5}$$

したがって、直方体要素における熱収支はEq.3-6のようになり、Eq.3-7のようにまとめることができる。

Therefore

$$\frac{\partial}{\partial x}\left(k\frac{\partial T}{\partial x}\right)dxdydz+\frac{\partial}{\partial y}\left(k\frac{\partial T}{\partial y}\right)dxdydz+\frac{\partial}{\partial z}\left(k\frac{\partial T}{\partial z}\right)dxdydz+q_gdxdydz-q_cdxdydz=\rho c_p\frac{\partial T}{\partial t}dxdydz \tag{3-6}$$

$$\frac{\partial}{\partial x}\left(k\frac{\partial T}{\partial x}\right)+\frac{\partial}{\partial y}\left(k\frac{\partial T}{\partial y}\right)+\frac{\partial}{\partial z}\left(k\frac{\partial T}{\partial z}\right)+q_g-q_c=\rho C_p\frac{\partial T}{\partial t} \tag{3-7}$$

$$\frac{\partial^2 T}{\partial x^2}+\frac{\partial^2 T}{\partial y^2}+\frac{\partial^2 T}{\partial z^2}+\frac{q_g}{k}-\frac{q_c}{k}=\frac{1}{\alpha}\frac{\partial T}{\partial t} \tag{3-8}$$

円柱座標系における熱収支はEq.3-9のようになる。

Cylindrical

$$\frac{\partial^2 T}{\partial r^2}+\frac{1}{r}\frac{\partial T}{\partial r}+\frac{1}{r^2}\frac{\partial^2 T}{\partial \phi^2}+\frac{\partial^2 T}{\partial z^2}+\frac{q_g}{k}-\frac{q_c}{k}=\frac{1}{\alpha}\frac{\partial T}{\partial t} \tag{3-9}$$

同じく球座標系における熱収支はEq.3-10のようになる。

ここでαは熱拡散係数$\left(\frac{k}{\rho c_p}\right)$である。

Spherical

$$\frac{1}{r^2}\frac{\partial}{\partial r}\left(r^2\frac{\partial T}{\partial r}\right)+\frac{1}{r^2\sin\phi}\frac{\partial}{\partial \phi}\left(\sin\phi\frac{\partial}{\partial \phi}\right)+\frac{1}{r^2\sin^2\phi}\frac{\partial^2 T}{\partial \phi^2}$$
$$+\frac{q_g}{k}-\frac{q_c}{k}=\frac{1}{\alpha}\frac{\partial T}{\partial t} \tag{3-10}$$

α=thermal diffusivity$\left(\frac{k}{\rho c_p}\right)$

定常状態において、要素内の熱生成や熱消費が無く、k, ρ, C_pが定数の場合、Eq.3-8 はEq.3-11のように簡略化される(Laplaceの式)。

Simplification :

Steady state, no q_g, no q_c, k, ρ, and C_p are constant.

$$\boxed{k\frac{\partial^2 T}{\partial x^2}+k\frac{\partial^2 T}{\partial y^2}+k\frac{\partial^2 T}{\partial z^2}=0} \tag{3-11}$$

$$\nabla^2 T=0 \qquad \text{Laplace's equation} \tag{3-12}$$

2. One-Dimensional Steady State Heat Conduction

2.1 Plane wall with variable thermal conductivity

定常状態での熱伝導は Fourierの法則が適用されるが、熱伝導率kが温度の一次関数である場合、熱流量はEq.3-13のようになる。
物質の厚み方向に温度分布を持つ場合、熱伝導率も変化するため、平均熱流量はEq.3-14、Eq.3-16 のようになる。

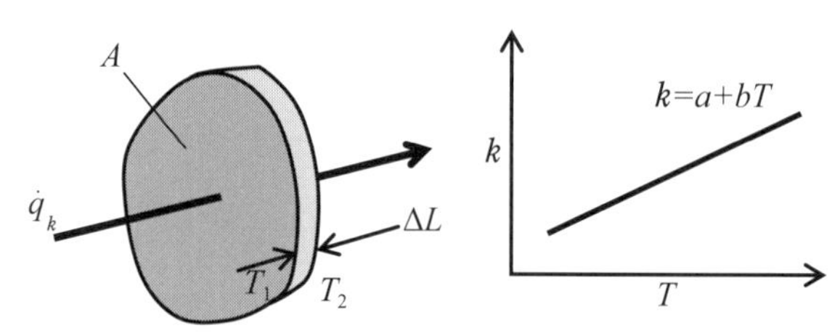

Fig. 3-2 Heat conduction in a material which has a temperature dependent thermal conductivity.

$$\dot{q}_k=-kA\frac{dT}{dx}=-(a+bT)A\frac{dT}{dx} \tag{3-13}$$

$$\int_0^L \dot{q}_k dx=-\int_{T_1}^{T_2} A(a+bT)dT \tag{3-14}$$

$$\therefore \frac{\dot{q}_k \Delta L}{A} = \left\{a + \frac{b(T_1+T_2)}{2}\right\}(T_1 - T_2) \qquad (3\text{-}15)$$

$$\dot{q}_k = A\left[\frac{a+b\dfrac{(T_1+T_2)}{2}}{\Delta L}\right](T_1 - T_2) \qquad (3\text{-}16)$$

2.2 Hollow cylinders (variable area of cross section)

Fig.3-3に示すような長さℓ、内径r_1、外径r_2、熱伝導度k、内側の温度がT_1、外側の温度がT_2のという条件下での円管内の温度分布を予測する。
$T=f(r)$、すなわち円管内の温度分布が半径のみの関数であるという前提の下で、円管を半径方向に横切る熱流量は以下の式で与えられる。

$$\dot{q}_r = -kA_r\frac{dT}{dr}$$

ここでA_rは円管の断面積で半径の関数である。

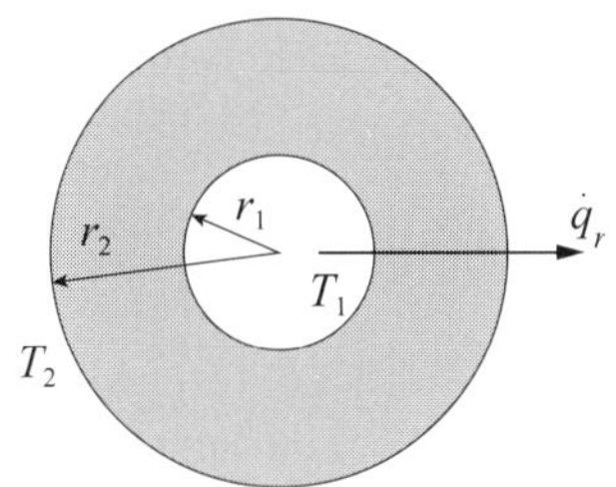

$T=f(r)$ → T is a function of r only

$$\dot{q}_r = -kA_r\frac{dT}{dr}$$

A : area of cross section varies as a function of radius $(=2\pi r\ell)$

ℓ : length of cylinder

Fig. 3-3 Cross section of cylinder and boundary conditions.

$$\dot{q}_r = -k(2\pi r\ell)\frac{dT}{dr} \qquad (3\text{-}17)$$

$$\int_{r_1}^{r_2}\dot{q}_r\frac{dr}{2\pi r} = \int_{T_1}^{T_2} -k\ell dT \qquad (3\text{-}18)$$

$$\dot{q}_r ln\frac{r_2}{r_1} = 2\pi k\ell(T_1 - T_2) \qquad (3\text{-}19)$$

$$\dot{q}_r = \frac{2\pi k\ell}{ln\left(\dfrac{r_2}{r_1}\right)}(T_1 - T_2) \qquad (3\text{-}20)$$

$$\text{Thermal resistance} = \frac{ln\dfrac{r_2}{r_1}}{2\pi k\,\ell} \qquad (3\text{-}21)$$

Eq.3-17 を$r=r_1$で$T=T_1$、$r=r_2$で$T=T_2$の条件下で積分するとEq.3-20を得る。ここで熱抵抗はEq.3-21のようになる。

Following figure illustrates the cross section of the double-layer cylinder, length ℓ, thermal conductivity outer layer k_1, inner layer k_2.

次に次頁の右図に示すように2層から成る円管(長さℓ)の熱伝導を考える。
円管の内径はr_1、外径はr_3であり、内管の外径(2層の境界)はr_2である。

内管および外管の熱伝導率をそれぞれk_1、k_2とし、内管内側の温度、２層の境界温度、外管外側の温度をそれぞれT_1、T_2、T_aとする。
Eq.3-22とEq.3-23からT_2を消去すればEq.3-25を得る。

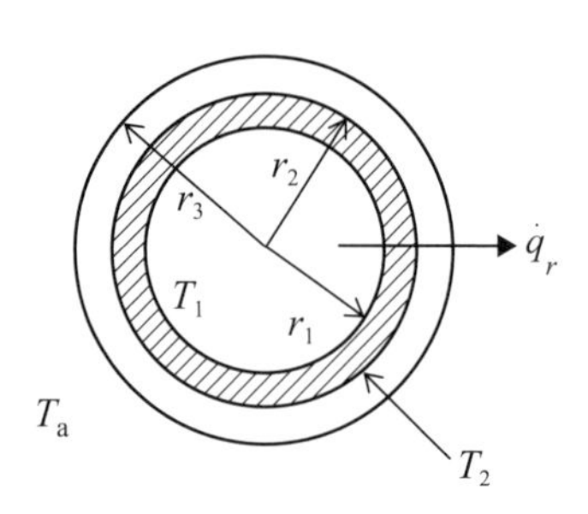

$$\dot{q}_r = \frac{2\pi k_1 \ell}{\ln\dfrac{r_2}{r_1}}(T_1 - T_2) \quad (3\text{-}22)$$

$$\dot{q}_r = \frac{2\pi k_2 \ell}{\ln\dfrac{r_3}{r_2}}(T_2 - T_a) \quad (3\text{-}23)$$

$$\frac{\dot{q}_r}{\dfrac{2\pi k_1 \ell}{\ln\dfrac{r_2}{r_1}}} + \frac{\dot{q}_r}{\dfrac{2\pi k_2 \ell}{\ln\dfrac{r_3}{r_2}}} = T_1 - T_a \quad (3\text{-}24)$$

$$\dot{q}_r = \frac{1}{\left[\dfrac{1}{\dfrac{2\pi k_1 \ell}{\ln\dfrac{r_2}{r_1}}} + \dfrac{1}{\dfrac{2\pi k_2 \ell}{\ln\dfrac{r_3}{r_2}}}\right]}(T_1 - T_a) \quad (3\text{-}25)$$

2.3 Extended surfaces of fins

大容量の物体の冷却を促進する目的で「フィン」が用いられる場合がある。
以下に、フィンの熱伝達促進の効果を見積もってみる。

To increase the rate of cooling of a large body, fins of small cross section are often attached to the wall of the body.

It is worthwhile then to estimate the effectiveness of a fin.

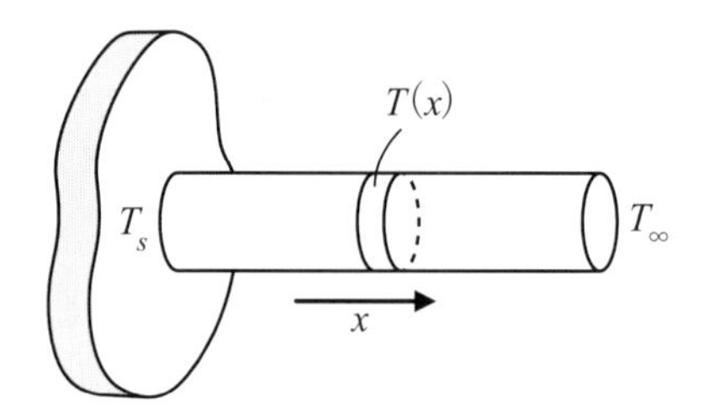

Fig. 3-4　Fin with constant cross-section area.

Let's perform a heat balance for a fin.

〈**Assumptions**〉

Heat flow in the fin is one-dimensional *i.e.* thermal resistance in y-direction is small. We would like to calculate $T(x)$ to determine temperature distribution through fin.

Choose a 1-D volume element.

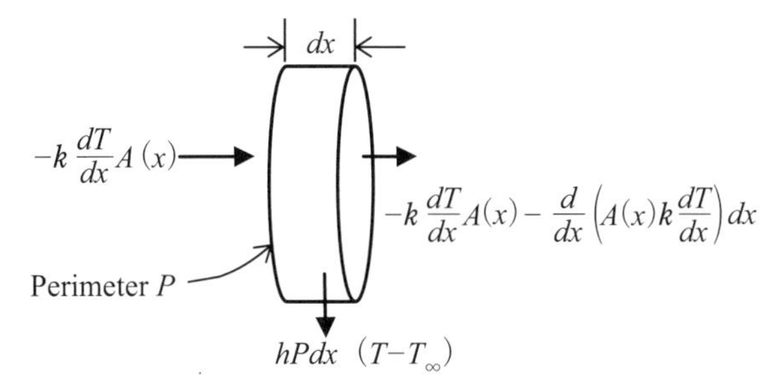

Rate of heat input $=-A(x)k\dfrac{dT}{dx}$ (3-26)

Rate of heat output

$$=-A(x)k\frac{dT}{dx}-\frac{d}{dx}\left(A(x)k\frac{dT}{dx}\right)dx+hPdx(T-T_\infty) \quad (3\text{-}27)$$

Heat balance

$$\frac{d}{dx}\left[kA(x)\frac{dT}{dx}\right]-hP(T-T_\infty)=0 \quad (3\text{-}28)$$

Simplification:

Assume k and A are not a function of x.

$$kA\frac{d^2T}{dx^2}-hP(T-T_\infty)=0 \quad (3\text{-}29)$$

$$\boxed{\frac{d^2T}{dx^2}-\frac{hP}{kA}(T-T_\infty)=0} \quad (3\text{-}30)$$

$$\frac{d^2}{dx^2}(T-T_\infty)-\frac{hP}{kA}(T-T_\infty)=0 \quad (3\text{-}31)$$

$$T-T_\infty=C_1e^{n_1x}+C_2e^{n_2x} \quad (3\text{-}32)$$

$$n_1=-\sqrt{\frac{hP}{kA}}$$

$$n_2=+\sqrt{\frac{hP}{kA}}$$

Fig.3-4に示すフィンの熱収支をとる。前提として、①フィンにおける熱伝導は一次元であり、②その一次元要素の周方向から周囲に向けて抜熱が進行すると考える。

左図に示すように、熱伝導度kの一次元要素の左から熱がインプットされ、右からアウトプットされると共に、熱伝達係数hで周囲へアウトプットされる。

要素体積の断面積を$A(x)$、周囲の長さをP、周囲の温度をT_∞とした場合、要素体積における熱収支はEq.3-28 となる。

ここで、kとAはxの関数ではないとすると熱収支はEq.3-30 のようになる。

Eq.3-30をEq. 3-31のように書き換えると、Eq. 3-32の解を得る。

$$\left[\begin{array}{l} ※\ \dfrac{d^2T}{dx^2}-n^2T=0 \\ T=C_1e^{-nx}+C_2e^{nx} \end{array}\right] \tag{3-33}$$

〈ケース１〉
フィンが十分に長く、その先端の温度が外気温度と等しい場合を考える。

フィンの温度分布はEq.3-34となり、フィン内の熱流量はEq.3-36 となる。

フィンによって運ばれる熱流量はEq.3-38 で表される。

〈Case 1〉 $\boldsymbol{x=0} \quad \boldsymbol{T=T_s}$

Assume fin is very long

$\boldsymbol{x\to\infty}$, $\boldsymbol{T\to T_\infty}$**(ambient temperature)**

$$\frac{T-T_\infty}{T_s-T_\infty}=e^{-\sqrt{\frac{hP}{kA}}x} \tag{3-34}$$

$$\dot{q}_x=hP(T-T_\infty)dx \tag{3-35}$$

$$=hP(T_s-T_\infty)e^{-\sqrt{\frac{hP}{kA}}x}dx \tag{3-36}$$

$$\dot{q}_{fin}=\int_0^\infty hP(T_s-T_\infty)e^{-\sqrt{\frac{hP}{kA}}x}dx \tag{3-37}$$

$$=(T_s-T_\infty)\sqrt{hPkA} \tag{3-38}$$

〈ケース２〉
有限な長さのフィンで、その先端では熱損失（熱移動）は無い場合を考える。
フィン内部の温度分布はEq.3-39のように表され、フィンによって運ばれる熱流量は Eq.3-41のようになる。

〈Case 2〉 finite rod : $\boldsymbol{x=L}$, $\boldsymbol{\dfrac{dT}{dx}=0}$

(negligible heat loss at the tip of fin)

$\boldsymbol{x=0}$; $\boldsymbol{T=T_s}$

$$\frac{T-T_\infty}{T_s-T_\infty}=\left(\frac{e^{nx}}{1+e^{2nL}}\right)+\left(\frac{e^{-nx}}{1+e^{-2nL}}\right) \tag{3-39}$$

$$n=\sqrt{\frac{hP}{kA}} \tag{3-40}$$

$$\dot{q}_{fin}=\sqrt{PhkA}\,(T_s-T_\infty)\tan h(nL) \tag{3-41}$$

$$\left(\tan h\,x=\frac{e^x-e^{-x}}{e^x+e^{-x}}\right)$$

十分に長いフィンの場合、フィンによって運ばれる熱流量は Eq.3-42(Eq.3-38) のようになるが、フィンが無い場合の熱流量は Eq.3-43であるためその比は Eq.3-44となる。

Fin's efficiency

In case of infinitely long fin;

$$\dot{q}_{fin}=(T_s-T_\infty)\sqrt{hPkA} \tag{3-42}$$

If we had no fin,

$$\dot{q}_{no\,fin}=kA(T_s-T_\infty) \tag{3-43}$$

$$\frac{\dot{q}_{no\,fin}}{\dot{q}_{fin}}=\sqrt{\frac{kA}{hP}}\,(<0.25) \tag{3-44}$$

一方、フィン効果は Eq.3-45で定義される。フィンによって運ばれる熱流量と、フィン全体がT_sになった場合に運ばれる熱流量の比である。

while fin efficiency, η, is defined as

$$\eta=\frac{\text{heat lost through fin}}{\text{heat lost entire fin is at temperature } T_s} \tag{3-45}$$

3. Solutions of Steady Sate Heat Conduction Problems in 2D and 3D

3.1 Analytical method

$$\frac{\partial^2 T}{\partial x^2}+\frac{\partial^2 T}{\partial y^2}=0 \qquad (3\text{-}46)$$

二次元の Laplaceの式の解析解の一つを紹介する。
Eq.3-46で示される温度分布が変数分離できると仮定した場合、Eq.3-48のような常微分方程式が得られる。
これらの一般解はEq.3-49のようになり、境界条件をもって温度分布を得る。

Assume

$$T(x,y)=X(x)\ Y(y) \qquad (3\text{-}47)$$

Therefore

$$\frac{d^2X}{dx^2}=+\lambda^2 x \quad and \quad \frac{d^2Y}{dy^2}=-\lambda^2 Y \qquad (3\text{-}48)$$

General solution have the form of

$$X=\alpha\cosh\lambda y+\beta\sinh\lambda y \quad \text{and} \quad Y=\gamma\cos\lambda y+\delta\sin\lambda y \qquad (3\text{-}49)$$

3.2 Graphical method

This method yields a reasonable good estimate of temperature distribution in a geometrically complex system of isothermal and insulated boundaries.

グラフによる温度分布の推定法を次に示す。

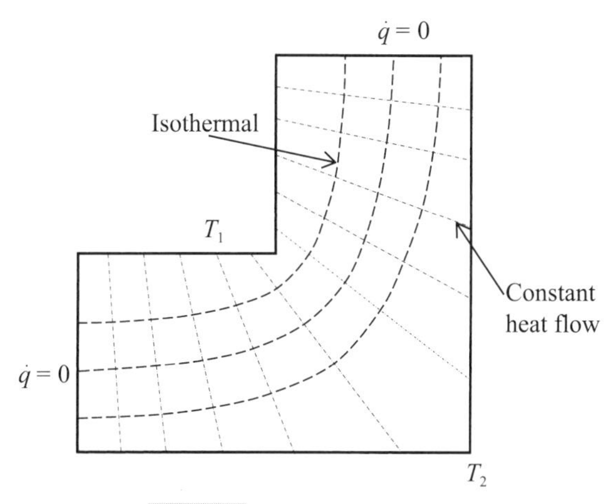

Fig. 3-5 Graphical method.

Fig.3-5 に示すように上端と左端が断熱され、左上部が温度T_1、右下部が温度T_2となる場合の物質中の熱流束のラインや等温線（温度分布）を推定する。

熱流束のラインはT_1とT_2、それぞれの等温線をつなぐように熱流束線を描く。このラインに直角に交差するように等温線を作成して、大まかな温度分布を推定することができる。

Objective is to construct a network of isotherms and constant heat flow lines (comprising of a system of curvilinear squares) – do this by trial and error.

3.3. Analogues

定常状態における温度分布はLaplaceの式で表せるようにポテンシャルの分布であり、物性値は影響しておらず、電圧の分布と相似であるとみなすことができる。また電流のラインは熱流のラインと相似である。

$$\frac{\partial^2 E}{\partial x^2}+\frac{\partial^2 E}{\partial y^2}=0 \tag{3-50}$$

E: voltage or electric field

This is identical to Laplace's equation for heat flow.

- constant voltage lines → represent constant temperature lines
- electric current flow lines → heat flow lines

Fig.3-6に示すように、
1)導電性の用紙を、温度分布を求めようとする物質の形状に合わせてセットする。
2)等温の境界条件を与える左上部と右下部にそれぞれV_1、V_2の電位を与える銅線を配置する。
3)絶縁の境界条件となる左端と右上端はそのままとする。

つづいて、
4)銅線に電位を印加する。
5)電圧計を用いて導電性用紙内の電圧分布を測定して、温度分布推定のデータとする。

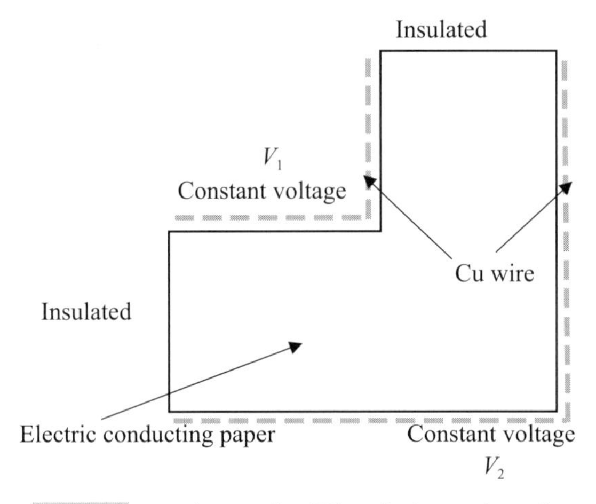

Fig. 3-6 Analog method(Electrical experiment).

1) Electrically conducting paper to geometrically reprint 2-D heat flow situation.
2) Constant temperature boundaries can be simulated by using copper wires along boundary.
3) Insulated surfaces are left as plain edges.
4) Energized electrodes to set up a given current flow pattern.
5) Use a voltmeter to trace constant voltage line.

3.4 Numerical method

Fig.3-7 に示すような、Fig.3-5、Fig.3-6 と同様の形状の物質における温度分布を数値解析によって求める。

支配方程式はEq.3-51であるが、解析解のように連続的な関数としての解を求めるのではなく、温度分布を求めようとする物質をそれぞれの形状のノードに分類し、それぞれのノード間の熱の流れを解析する。

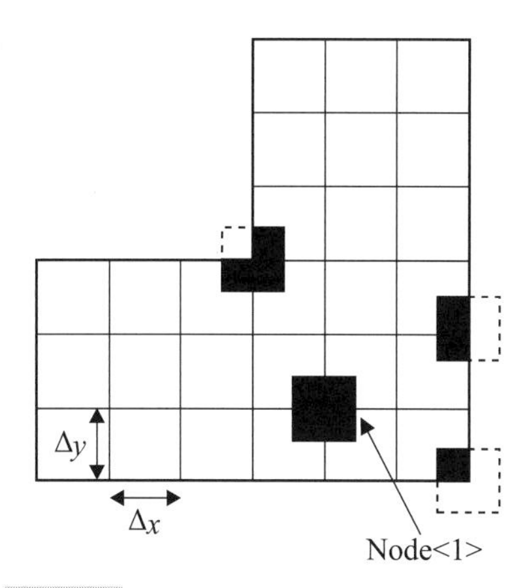

Fig. 3-7 Nodal system for numerical method.

$$\frac{\partial^2 T}{\partial x^2}+\frac{\partial^2 T}{\partial y^2}=0 \qquad (3\text{-}51)$$

Objectives : Rather than obtain a continuous function for T, we attempt to solve the heat flow.

(1) Heat balance approach at central node

(1) 中央のノードにおける熱収支

〈Step 1〉

To discretize continuum into a mesh of discrete nodes. (can use a graded mesh)

〈ステップ 1〉
連続体である対象系を、離散化したノードにメッシュ分割する。

〈Step 2〉

Identify the different type of the node.

〈ステップ 2〉
ノードをタイプ毎に分類する。

〈Step 3〉

Identify an element for each node.

〈ステップ 3〉
要素をタイプ毎に分類する。

〈Step 4〉

Write heat balance equations for each node.

〈ステップ 4〉
それぞれのノードにおいて熱バランスをとる。

At Node〈1〉

標準的なノードである中央のノード〈1〉について熱収支をとる。

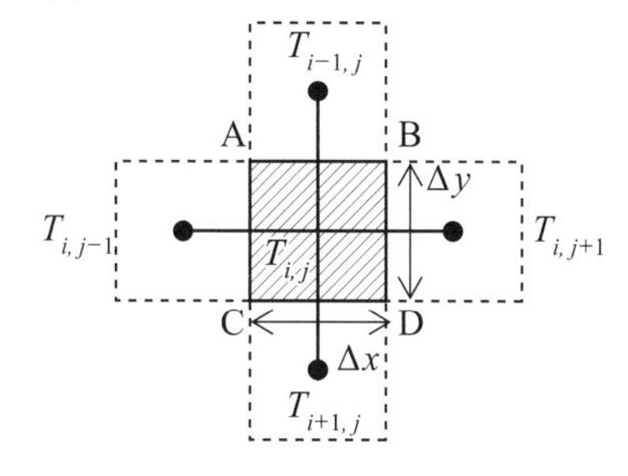

要素ABCDへの熱のインプットはEq.3-52～55のように表される。

Rate of heat input to ABCD

$$=\left(\frac{T_{i-1,j}-T_{i,j}}{\Delta y}\right)k\cdot \underset{\Delta x}{AB}\cdot 1 \quad (3\text{-}52)$$

$$+k\left(\frac{T_{i+1,j}-T_{i,j}}{\Delta y}\right)\Delta x\cdot 1 \quad (3\text{-}53)$$

$$+k\left(\frac{T_{i,j+1}-T_{i,j}}{\Delta x}\right)\Delta y\cdot 1 \quad (3\text{-}54)$$

$$+k\left(\frac{T_{i,j-1}-T_{i,j}}{\Delta x}\right)\Delta y\cdot 1 \quad (3\text{-}55)$$

次に$T_{i,j}$は周囲の温度より低いと仮定すると共に、定常状態であるため、熱の生成、消費、蓄積は無いものと考えるとEq.3-57 の差分式を得る。

Assuming

$$T_{i+1,j},\ T_{i-1,j},\ T_{i,j+1},\ T_{i,j-1} > T_{i,j} \quad (3\text{-}56)$$

Rate of heat generation＝0

consumption＝0

accumulation＝0 (steady state)

heat output＝0

$$\boxed{\frac{T_{i-1,j}-2T_{i,j}+T_{i+1,j}}{\Delta y^2}+\frac{T_{i,j+1}-2T_{i,j}+T_{i,j-1}}{\Delta x^2}=0} \quad (3\text{-}57)$$

(1)'ここで同様の差分式を Taylor級数を使って得ることができることを示す。

(1)' Derive finite difference equation for an internal node using Taylor's series.

$$T_{i,j+1}=T(x+\Delta x,y)$$
$$=T(x,y)+\frac{\Delta x}{1!}\left(\frac{\partial T}{\partial x}\right)_{i,j}+\frac{\Delta x^2}{2!}\left(\frac{\partial^2 T}{\partial x^2}\right)_{i,j}+\frac{\Delta x^3}{3!}\left(\frac{\partial^3 T}{\partial x^3}\right)_{i,j} \quad (3\text{-}58)$$

$$T_{i,j-1}=T(x-\Delta x,y)$$
$$=T(x,y)-\frac{\Delta x}{1!}\left(\frac{\partial T}{\partial x}\right)_{i,j}+\frac{\Delta x^2}{2!}\left(\frac{\partial^2 T}{\partial x^2}\right)_{i,j}-\frac{\Delta x^3}{3!}\left(\frac{\partial^3 T}{\partial x^3}\right)_{i,j} \quad (3\text{-}59)$$

Combining Eq.3-58 and Eq.3-59,

$$T_{i,j-1}+T_{i,j+1}=2\underset{\uparrow\, T(x,y)}{T_{i,j}}+\frac{\Delta x^2}{2!}\times 2\left(\frac{\partial^2 T}{\partial x^2}\right)_{i,j}+\frac{\Delta x^2}{4!}\times 2\left(\frac{\partial^4 T}{\partial x^4}\right)_{i,j} \quad (3\text{-}60)$$

$$\therefore \left(\frac{\partial^2 T}{\partial x^2}\right)_{i,j} = \frac{T_{i,j-1} - 2T_{i,j} + T_{i,j+1}}{\Delta x^2} + o(\Delta x^2) \quad (3\text{-}61)$$

Similarly

$$\therefore \left(\frac{\partial^2 T}{\partial y^2}\right)_{i,j} = \frac{T_{i-1,j} - 2T_{i,j} + T_{i+1,j}}{\Delta y^2} + o(\Delta y^2) \quad (3\text{-}62)$$

For any internal node i, j

$$\frac{\partial^2 T}{\partial x^2} + \frac{\partial^2 T}{\partial y^2} = 0 \implies \text{steady state}$$

$$\frac{T_{i,j+1} - 2T_{i,j} + T_{i,j+1}}{\Delta x^2} + \frac{T_{i-1,j} - 2T_{i,j} + T_{i+1,j}}{\Delta y^2} = 0 \quad (3\text{-}63)$$

Compare to heat balance approach.

(2) Heat balance approach at boundary node

(2) 境界のノードにおける熱収支に基づいて得られる差分式について説明する。

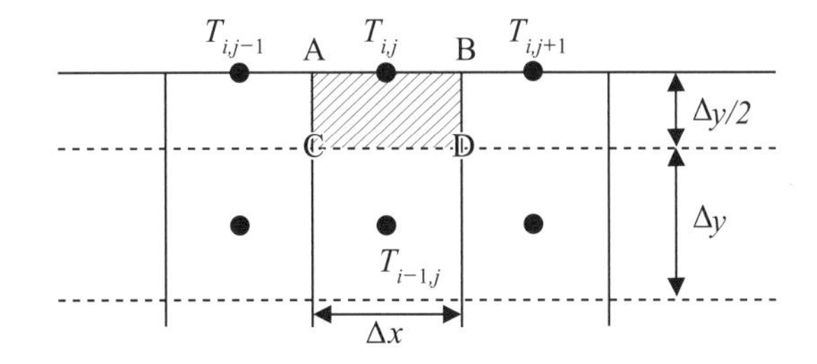

ここではノードの境界において、熱伝達係数による温度の関連付けが行われている。

* Rate of heat input to ABCD

$$= \left[\frac{T_{i,j-1} - T_{i,j}}{\Delta x}\right] k \cdot \frac{\Delta y}{2} + \left[\frac{T_{i,j+1} - T_{i,j}}{\Delta x}\right] k \cdot \frac{\Delta y}{2} + \left[\frac{T_{i-1,j} - 2T_{i,j}}{\Delta y}\right] k \cdot \Delta x \quad (3\text{-}64)$$

* Rate of heat output

$$= h\Delta x (T_{i,j} - T_a) = \left(\frac{\dot{q}}{A}\right) \Delta x \quad (3\text{-}65)$$

* Rate of heat generation, consumption, accumulation$=0$

* Total heat balance

$$\left[\frac{T_{i,j-1} - 2T_{i,j} + T_{i,j+1}}{2\Delta x^2}\right] k + \left[\frac{T_{i-1,j} - 2T_{i,j}}{\Delta y^2}\right] k = \frac{h}{\Delta y}(T_{i,j} - T_a) \quad (3\text{-}66)$$

このように種々のタイプのノードについて成立する複数の連立方程式を得ることができる。

Hence we obtain a series of simultaneous equations that satisfy laws of heat transfer.

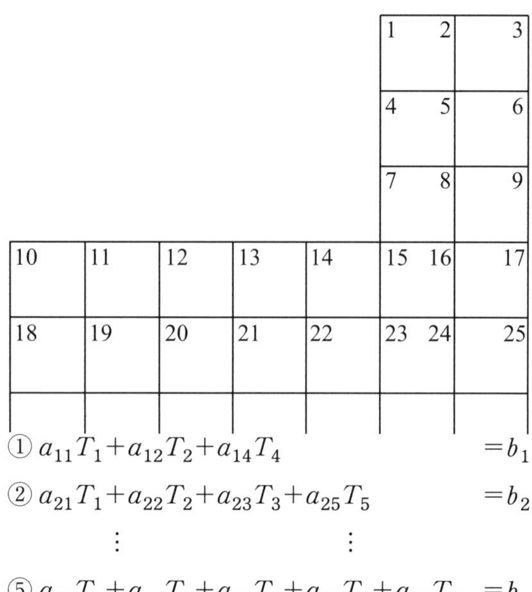

Fig. 3-8 Nodal system and a series of simultaneous equations.

最終的に多元的な連立方程式は右図のような行列で表すことができる。

The final set of simultaneous equations is of the form.

$$[A]\{T\}=\{B\}$$

$$\begin{bmatrix} a_{11} & a_{12} & 0 & a_{14} & 0 & 0 \\ a_{21} & a_{22} & a_{23} & 0 & a_{25} & 0 \\ 0 & a_{32} & a_{33} & 0 & 0 & a_{36} \\ & & & & & \\ & & & & & \end{bmatrix} \begin{bmatrix} T_1 \\ T_2 \\ T_2 \\ \\ \\ \end{bmatrix} = \begin{bmatrix} b_1 \\ b_2 \\ b_3 \\ \\ \\ \end{bmatrix} \tag{3-67}$$

Sparse matrix

疎行列の解法については、逐次過緩和法を組み込んだ Gauss-Seidel法がよく利用されている。

For a sparse matrix system an efficient method of solution is the Gauss-Seidel method with successive over relaxation.

4. Solutions of Unsteady State Heat Conduction Problems

4. 1 Lumped parameter method and chart method

集中パラメータ法とチャート解法

(1) Classification

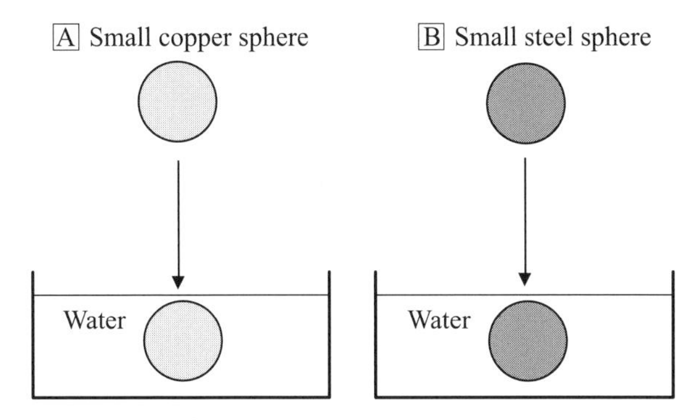

Fig. 3-9 Classification of thermal resistance.
A. System has negligible internal resistance
B. System with finite internal resistance

ここでA、B 2つのケースの熱伝導を比較する。
Aは小さな銅球を水冷する場合、Bは小さな鉄球を水冷する場合である。

Biot modulus, permits one to assume whether a body of a given geometry and a given thermal conductivity and surface heat transfer coefficient has a finite internal resistance.

形状(代表長さ)L、熱伝導率k、熱伝達係数hの関数であるBi数を使い、物質の熱移動の内部抵抗の大小を判断することができる。

$$\boxed{\mathrm{Bi}=\frac{hL}{k}} \tag{3-68}$$

h: surface heat transfer coefficient

L: volume/surface area = characteristic length

k: thermal conductivity

if $\mathrm{Bi}<0.1$ the internal resistance of the system is negligible.

$$\left(\mathrm{Bi}=\frac{\text{internal resistance to heat flow}}{\text{external resistance to heat flow}}\right)$$

一般的にBi数が0.1より小さい場合、内部熱抵抗は無視できるとみなして良い(Aの銅球がこれに相当する)。

In case of flat plate,

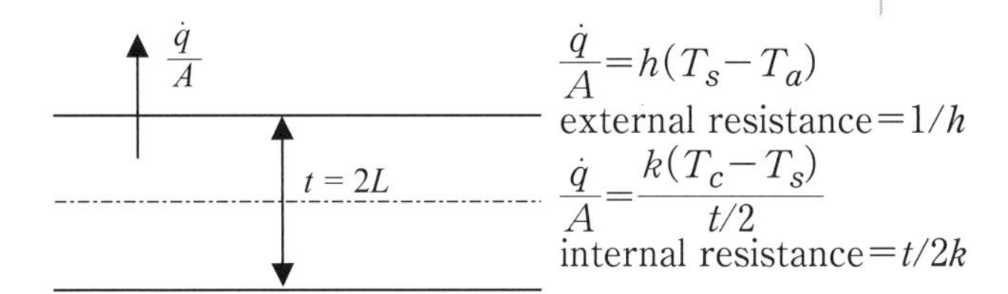

$$\frac{\dot{q}}{A}=h(T_s-T_a)$$

external resistance$=1/h$

$$\frac{\dot{q}}{A}=\frac{k(T_c-T_s)}{t/2}$$

internal resistance$=t/2k$

左図に示す厚さ$2L$の平板の場合、外部抵抗は$1/h$であるのに対し、内部抵抗は$t/2k$である。

Bi数は内部熱抵抗/外部熱抵抗の比としてEq.3-69 のようになる。
ここでBi数が0.1より小さい場合は、内部抵抗が小さく、集中パラメータ法を使って温度の時間変化を推定することができる。

$$\boxed{Bi=\frac{ht}{2k}=\frac{hL}{k}} \tag{3-69}$$

If Bi＜0.1 then the internal resistance to heat flow is small and one can use a lumped parameter method to calculate the temperature variation of the object with time.

この集中パラメータ法は物質全体に適用される。
熱のインプットがEq.3-70、3-74で表され、その蓄積がEq.3-72 で表される場合、熱収支はEq.3-75 のようになる。

〈注〉
集中パラメータ法は、集中熱容量法（Lumped capacitance method）とも呼ばれる。

(2) Lumped parameter method (Negligible internal resistance)

Apply a heat balance to the whole body.

$$\text{Rate of heat input}=\frac{\dot{q}}{A}A \tag{3-70}$$

$$\text{Rate of heat output}=0 \tag{3-71}$$

$$\text{Rate of heat accumulation}=\rho C_p V\frac{\partial T}{\partial t} \tag{3-72}$$

$$\text{Rate of heat generation and consumption}=0 \tag{3-73}$$

$$\frac{\dot{q}}{A}=h(T_\infty-T) \tag{3-74}$$

$$hA(T_\infty-T)=\rho C_p V\frac{\partial T}{\partial t} \tag{3-75}$$

Eq.3-75をEq.3-76の境界条件下で積分して、Eq.3-78を得る。

boundary conditions and solution

$$t=0,\ T=T_0$$

$$t=t,\ T=T \tag{3-76}$$

$$\int_{T_0}^{T}\frac{dT}{T_\infty-T}=\int_0^t\frac{hA}{\rho C_p V}dt \tag{3-77}$$

if $\frac{hA}{\rho C_p V}$ is not a function of time

$$\frac{T_\infty-T}{T_\infty-T_0}=e^{-\left(\frac{hA}{\rho C_p V}\right)t} \tag{3-78}$$

$$\frac{hA}{\rho C_p V}\quad \text{time constant of the equation} \tag{3-79}$$

$$\frac{V}{A}=L\quad \text{characteristic length} \tag{3-80}$$

Eq.3-78の右辺指数項を変形すると、Eq.3-81、82のようにBi数×$\alpha t/L^2$となる。
ここで$\alpha t/L^2$はFourier数であり、定常状態に到達するに必要な時間と経過時間の

$$\frac{hA}{\rho C_p V}=\frac{h}{\rho C_p L}=\underbrace{\frac{hL}{k}}_{Bi}\frac{k}{\rho C_p L^2} \tag{3-81}$$

therefore $$\frac{T_\infty-T}{T_\infty-T_0}=e^{-Bi\frac{\alpha t}{L^2}}\quad (\alpha\text{: thermal diffusivity}) \tag{3-82}$$

$\frac{\alpha t}{L^2}$=Fourier number

$$=\frac{\text{time elapsed}}{\text{time taken by system to reach steady state}} \qquad (3\text{-}83)$$

比を表すものである。

Suppose to assess the required furnace rating and capacity, we need to evaluate rate of heat transferred to the subject to raise it to a given temperature.

$$\dot{q}=V\rho C_p\frac{dT}{dt} \quad \rightarrow \quad \text{unsteady state heat transfer} \qquad (3\text{-}84)$$

from Eq. 3-82

$$\frac{dT}{dt}=-\left(\frac{-hA}{\rho C_p V}e^{-\frac{hA}{\rho C_p V}t}\right)(T_\infty-T_0) \qquad (3\text{-}85)$$

Eq. 3-84 and Eq. 85 give

$$\dot{q}=hA(T_\infty-T_0)e^{-\frac{hA}{\rho C_p V}t} \qquad (3\text{-}86)$$

Total heat transfer Q is,

$$Q=\int_0^t \dot{q}dt=hA(T_\infty-T_0)\int_0^t e^{-\frac{hA}{\rho C_p V}t}dt \qquad (3\text{-}87)$$

$$\frac{Q}{hA(T_\infty-T_0)}=\frac{\rho C_p V}{hA}\left[1-e^{-\frac{hA}{\rho C_p V}t}\right] \qquad (3\text{-}88)$$

Eq.3-82 を微分してEq.3-85を得る。さらに、Eq.3-84 と Eq.3-85 より Eq.3-86となり、所定の時間内に流れる全熱流量はEq.3-87、88のようになる。

(3) Finite internal resistance

$$k\frac{\partial^2 T}{\partial x^2}=\rho C_p\frac{\partial T}{\partial t} \qquad (3\text{-}89)$$

Solve this subject to boundary conditions.

For some simple shapes and linear boundary conditions, analytical solutions are available and will be given here.

内部抵抗が有限の場合、温度分布はEq.3-89を境界条件の下に解いて得られるが、以下のいくつかのシンプルな形状と条件においては解析解が得られている。

〈Case 1〉 **infinite plate**

∞
$x=L$
$x=0$ ⟶ ∞

We can consider effects of heat flow only in through direction.

$$\frac{\partial^2 T}{\partial x^2}=\frac{\rho C_p}{k}\frac{\partial T}{\partial t} \qquad (3\text{-}90)$$

(obtained by a heat balance on an element slice dx)

〈ケース１〉無限平面

左図のような、厚みが$2L$で奥行き、幅共に無限大の平面を考える。
x方向のみの熱移動を考える場合、Eq.3-90を境界条件Eq.3-91 、92　および初期条件Eq.3-93の下に解いてEq.3-94を得る。

boundary conditions :

$$\text{i) } x=0,\ t\geq 0 \quad -k\frac{\partial T}{\partial x}=0 \tag{3-91}$$

centerline symmetry

$$\text{ii) } x=L,\ t>0 \quad -k\frac{\partial T}{\partial x}=h(T-T_\infty) \tag{3-92}$$

initial condition :

$$t=0,\ T(x,0)=T_0 \quad 0\leq x\leq L \tag{3-93}$$

$$\boxed{\frac{T-T_\infty}{T_0-T_\infty}=2\sum_{n=1}^{\infty} e^{-\delta_n{}^2 F_0{}^2}\frac{\sin\delta_n\cos\left[\delta_n(\frac{x}{L})\right]}{\delta_n+\sin\delta_n\cos\delta_n}} \tag{3-94}$$

$$\text{where } \delta_n\tan\delta_n=\mathrm{Bi} \tag{3-95}$$

一般にはEq.3-94の解はEq.3-96のパラメーターを用いてFig.A-1,4,7(Appendix)より得ることができる。

Chart solutions and equations exists

$$\boxed{\begin{aligned} &Y=\frac{T-T_0}{T_0-T_\infty} \\ &X=\frac{\alpha t}{x_1{}^2},\ x_1=L \\ &n=\frac{x}{x_1},\ m=\frac{k}{hx_1} \end{aligned}} \tag{3-96}$$

For given t calculate X, n, m, and use chart to obtain Y by using Figs. A-1, 4, and 7 in Appendix.

〈ケース2〉無限に長い円柱

〈Case 2〉 Infinite cylinder

右図のような、半径がr_0で長さが無限長の円柱を考える。
r方向のみの熱移動を考える場合、Eq.3-97を境界条件Eq.3-98、99および初期条件Eq.3-100の下に解いてEq.3-101を得る。

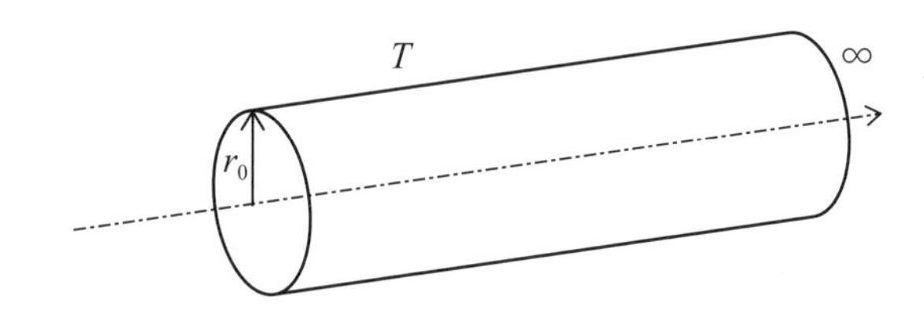

$$\frac{\partial T}{\partial t}=\alpha\left(\frac{\partial^2 T}{\partial r^2}+\frac{1}{r}\frac{\partial T}{\partial r}\right) \tag{3-97}$$

boundary conditions :

$$\text{(i) } r=0,\ t\geq 0 \quad -k\frac{\partial T}{\partial r}=0 \tag{3-98}$$

$$\text{(ii) } r=r_0,\ t>0 \quad -k\frac{\partial T}{\partial r}=h[T_{r_0}-T_\infty] \tag{3-99}$$

initial condition :

$$0\leq r\leq r_0 \quad t=0 \quad T=T_0 \tag{3-100}$$

$$\frac{T-T_\infty}{T_0-T_\infty}=2\sum_{n=1}^{\infty}\frac{e^{-\delta_n{}^2F_0{}^2}}{\delta_n}\frac{J_1(\delta_0)J_0(\delta_n\frac{r}{r_0})}{J_0{}^2(\delta_n)+J_1{}^2(\delta_n)} \qquad (3\text{-}101)$$

$$\frac{\delta_n J_1(\delta_n)}{J_0(\delta_n)}=\frac{hr_0}{k} \qquad (3\text{-}102)$$

J_0 and J_1 are Bessel functions of the zero and first order, respectively.

See chart solutions

一般にはEq.3-101の解は、Eq.3-103のパラメーターを用いてFig. A-2,5,8（Appendix）より得ることができる。

$$Y=\frac{T-T_\infty}{T_0-T_\infty}$$

$$X=\frac{\alpha t}{x_1{}^2},\quad x_1=r_0(\text{cylinder})$$

$$n=\frac{x}{x_1}$$

$$m=\frac{k}{hx_1} \qquad (3\text{-}103)$$

For given t calculate X, n, m, and use chart to obtain Y by using Figs. A-2, 5, and 8 in Appendix.

〈Case 3〉 Sphere

〈ケース３〉球

$$\frac{\partial T}{\partial t}=\alpha\left(\frac{\partial^2 T}{\partial r^2}+\frac{2}{r}\frac{\partial T}{\partial r}\right) \qquad (3\text{-}104)$$

球の場合については、基礎式Eq.3-104を解いてEq.3-105を得る。

Similar boundary and initial conditions as former case

$$\frac{T-T_\infty}{T_0-T_\infty}=4\frac{r_0}{r}\sum_{n=1}^{\infty}e^{-\delta_n{}^2F_0{}^2}\sin\delta_n\frac{r}{r_0}\,\frac{\sin\delta_n-\delta_n\cos\delta_n}{2\delta_n-\sin 2\delta_n} \qquad (3\text{-}105)$$

Eq.3-105の解は、Fig. A-3,6,9より得ることができる。

where δ_n are the roots of the characteristics

$$1-\delta_n\cot\delta_n=\frac{hr_0}{k} \qquad (3\text{-}106)$$

Use Figs. A-3, 6, and 9 in Appendix.

4.2 Numerical methods in unsteady state heat conduction

Eq.3-107 の一次元非定常熱伝導の計算を行うに当たって、Fig.3-10のような一次元のノードを考える。
初期条件はEq.108 、境界条件はそれぞれEq.3-109 、110である。

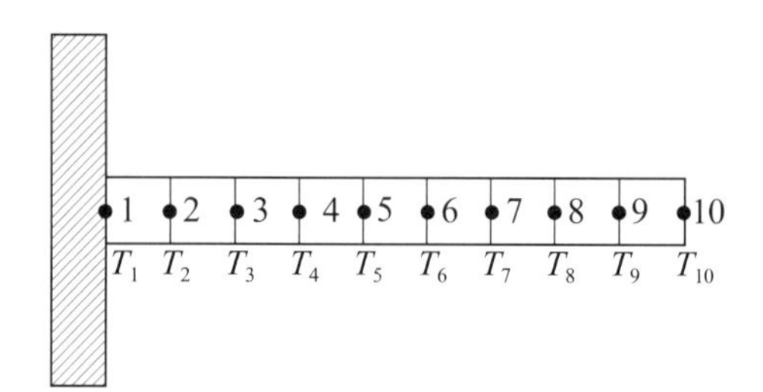

Fig. 3-10 One-dimensional nodal system for the calculation of unsteady state heat conduction.

The problem is;

$$\rho C_p \frac{\partial T}{\partial t} = k \frac{\partial^2 T}{\partial x^2} \tag{3-107}$$

$$t=0 \qquad 0 \leq x \leq L \qquad T(x, t)=T_0 \tag{3-108}$$

$$t>0 \qquad x=0 \qquad T(0, t)=T_0 \tag{3-109}$$

$$t>0 \qquad x=L \qquad -k\frac{\partial T}{\partial t}=h(T-T_\infty) \tag{3-110}$$

〈ステップ１〉
一次元のバーを、複数のノードに分割すると共に、ノードに右記のようにナンバリングする。
例えば　$T_{i,j}$とする場合、iはノード番号、jはタイムステップである。
ここでは時間をn分割している。

〈Step 1〉

Divide 1-D bar into a series of nodes and assign a node number scheme as shown.

$$\text{Notation} \quad T_{1,n}, \quad t=n\Delta t \tag{3-111}$$

node number　　time step

〈ステップ２〉
右図に示すノード間の熱収支をベースに、差分方程式Eq.3-112, 113を得る。
これを書き直すとEq.3-114

〈Step 2〉

Write the finite difference equations by a heat balance approach.

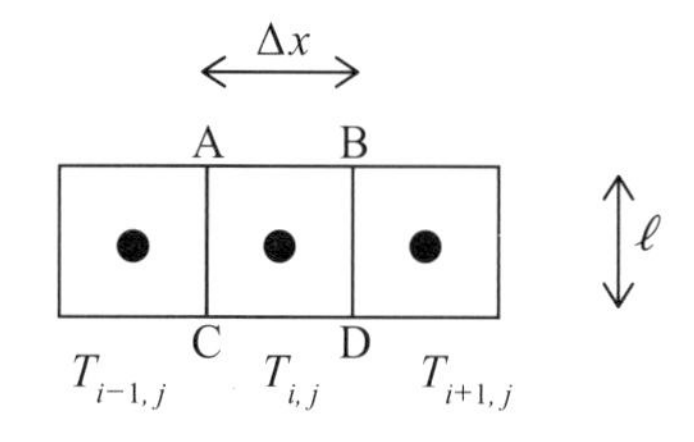

Heat balance for control volume ABCD

$$\underbrace{\frac{k(T_{i+1,j}-T_{i,j})\ell\cdot 1}{\Delta x}+\frac{k(T_{i-1,j}-T_{i,j})\ell\cdot 1}{\Delta x}}_{\text{Rate of heat input by conduction}} \qquad (3\text{-}112)$$

Rate of heat accumulation

$$=\rho C_p \ell\cdot 1\cdot\Delta x\left(\frac{T_{i,j+1}-T_{i,j}}{\Delta t}\right) \qquad (3\text{-}113)$$

$$\frac{k(T_{i+1,j}-2T_{i,j}+T_{i-1,j})}{\Delta x^2}=\rho C_p\frac{(T_{i,j+1}-T_{i,j})}{\Delta t} \qquad (3\text{-}114)$$

where $\dfrac{k}{\rho C_p}=\alpha$

$$\frac{\alpha\Delta t}{\Delta x^2}T_{i+1,j}+\left(1-\frac{2\alpha\Delta t}{\Delta x^2}\right)T_{i,j}+\frac{\alpha\Delta t}{\Delta x^2}T_{i-1,j}=T_{i,j+1} \qquad (3\text{-}115)$$

$$\left[\begin{array}{l} T_{i,j+1}=\text{Temperature of node } i \text{ at time } \Delta t(j+1) \\ T_{i,j}=\text{Temperature of node } i \text{ at time } \Delta t(j) \end{array}\right]$$

This equation permits calculation of the temperature of any inside node at future time from temperatures at a previous time. This method is called the Explicit Finite Difference Method.

iは位置、jは時間ステップを指すため、Eq.3-115は現在の温度分布から未来の温度分布を推定するものであり、陽解法と呼ばれる。
この方法は、Eq.3-116 で示される条件において安定的に解を提供するものである。

Stability criteria

$$\boxed{\frac{\alpha\Delta t}{\Delta x^2}\leq 0.5} \qquad (3\text{-}116)$$

Alternatives

Δx
A B
ℓ
C D
$T_{i-1,j+1}$ $T_{i,j+1}$ $T_{i+1,j+1}$

$$k(T_{i+1,j+1}-2T_{i,j+1}+T_{i-1,j+1})=\rho C_p\frac{(T_{i,j+1}-T_{i,j})}{\Delta t}\Delta x^2 \qquad (3\text{-}117)$$

$$\boxed{T_{i,j}\frac{\Delta t\cdot\alpha}{\Delta x^2}T_{i+1,j+1}-\frac{2\alpha\Delta t}{\Delta x^2}T_{i,j+1}+\frac{\alpha\Delta t}{\Delta x^2}T_{i-1,j+1}=T_{i,j+1}-T_{i,j}}$$

Implicit Finite Difference Method (3-118)

他の数値解析法について紹介する。
左図のようなノードを考える場合、熱収支はEq.3-117のように表される。
ここでは$j+1$の時点の温度からjの時点の温度を推定することになり、陰解法と呼ばれる。
差分式はEq.3-118のように表され、条件に関係なく安定な解を得ることができる。しかしながら、すべてのノードにかかわる式を同時に立て、解を得る必要がある。

It is unconditionally stable. But the equations for all the node have to be written and solved simultaneously.

$$[A]\{T\}=\{B\} \quad (3\text{-}119)$$

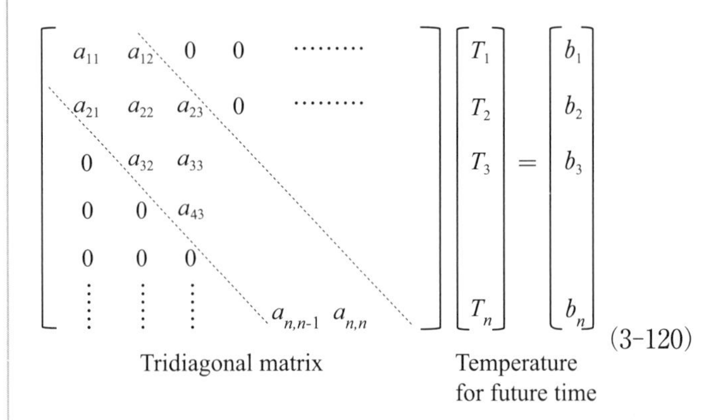

(3-120)

これらの連立方程式はEq.3-119 のように行列で表現されるが、この行列はGauss消去法によって容易に解くことができる。
その他、Crank Nicholson法などがある。

It's easily solved by Gaussian elimination.

Other methods

(a) Crank Nicholson

(b) Alternating direction implicit F.D. Method

〈Note〉

Finite element methods are now widely applied to solving heat flow problems.

Advantages ;

・can handle complex geometry more easily.

・can be coupled to a finite-element stress program for stress calculation.

Chapter IV
Convective Heat Transfer

Convective heat transfer is described by the following empirical equation.

一般に対流熱伝達はEq.4-1のような実験式（経験的な式）によって記述される。

$$\dot{q}_{cv}=Ah(T_s-T_\infty) \tag{4-1}$$

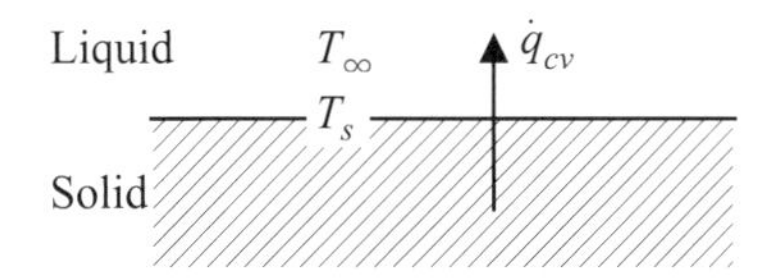

Convection is the most predominant mode of heat transfer between solid/liquid and solid/gas.

この対流熱伝達は、特に固体/液体、固体/気体が接する領域の熱移動において主要な役割を担っている。

h is a function of
→ fluid dynamics
→ surface roughness
→ fluid property
→ geometry

熱伝達係数hは、流速分布、流体の物性、固体の表面状態、形状に影響を受ける。

Since hydrodynamics or fluid flow can be expected to have a strong influence on the magnitude of the heat transfer coefficient h, we will examine some of the important aspects of fluid flow.

特に「流れ」は熱伝達係数に大きな影響を及ぼすことから、まず物体の周囲の流れの特徴について理解を深める必要がある。

There are two types of fluid flow: laminar and turbulent.

laminar flow :

- smooth stream lines
- fluid moves in layers
- heat or momentum transfer between stream lines is by diffusion process (e.g. conduction of heat)

turbulent flow :

- erratic flow viewed at a given point
- but an average the flow is steady
- eddies of fluid carry heat across stream lines

流れには「層流」と「乱流」があり、層流は、滑らかな流線を呈し、その流線間の熱や運動量の移動は拡散モードで進行するのが特徴である。
一方、乱流は、定点での観察において乱れた流れ（変動）を示す反面、平均して見ると定常的な流動パターンを示す特徴がある。乱流中の熱移動については、流れの渦が流線を跨いで熱を運んでいるとも解釈される。

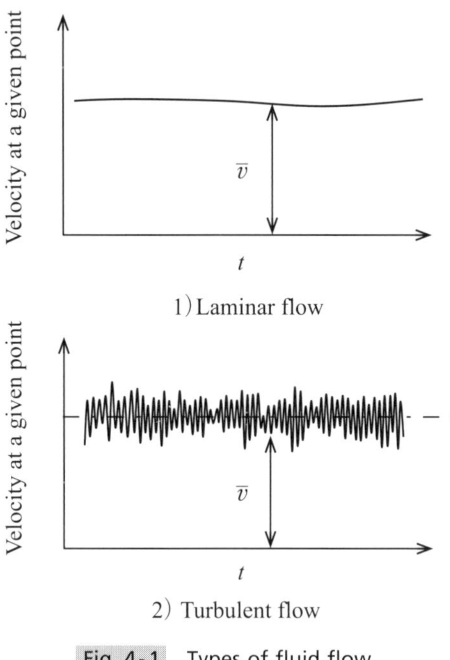

Fig. 4-1 Types of fluid flow.

1. Boundary Layer

Fig.4-2 は固体/液体界面の流動境界層の構造を示している。

Fig. 4-2 corresponds to the region of fluid adjacent to a solid surface in which there is a velocity gradient.

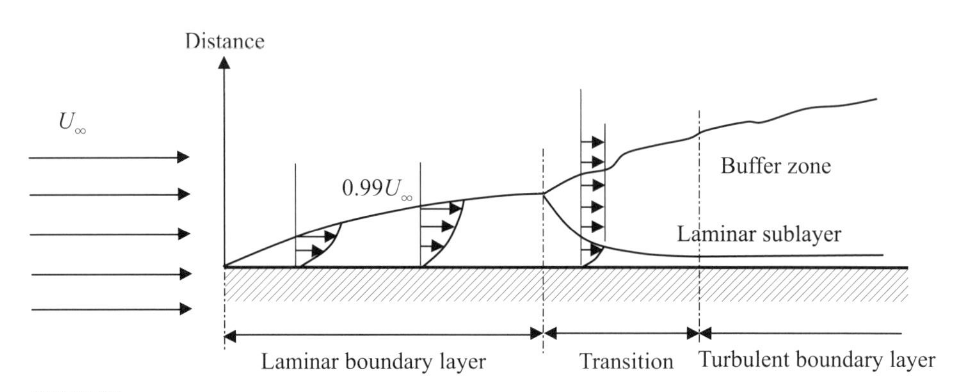

Fig. 4-2 Laminar, transition and turbulent boundary layer-flow regimes over a flat plate.

境界層は、固体表面直上の流速勾配が大きく、せん断力の大きい薄い層であり、周囲には自由に流動する領域(U_∞)がある。

A boundary layer consists a thin layer next to the surface where velocity gradients are large and viscous forces are large. It divides the fluid into this region surrounded by an external region where fluid velocity is a free stream value and viscous forces are negligible.

The boundary layer can be either laminar or turbulent depending on the Reynolds number. The breakdown of the laminar behavior has been ascribed to the growth disturbance owing to increase of inertia force/viscous force ratio.

この境界層は層流もしくは乱流であるが、その遷移は慣性力と粘性力の比（Re数）で整理することができる。

$$\text{Reynolds number} = \frac{\rho U_\infty \bar{x}}{\mu} = \frac{\text{inertia force}}{\text{viscous force}} \tag{4-2}$$

ρ : density of fluid

U_∞ : free stream velocity

$\bar{x}$: distance from leading edge

μ : viscosity of fluid

The turbulent boundary layer that consists of a "laminar sublayer" (steep velocity gradients) and a "buffer layer". The point at which the transition occurs, x_c, is determined from the following,

乱流境界層は表面直上の層流のサブレイヤーとバッファーレイヤーから成る。
層流から乱流に遷移する臨界点はEq.4-3にしたがう。
ここでRe_cは臨界Re数である。

$$\mathrm{Re}_c = \frac{x_c \rho U_\infty}{\mu} \tag{4-3}$$

1.1 Flow on flat plate

$0 \leq \mathrm{Re} \leq 2\times10^5$	laminar
$2\times10^5 < \mathrm{Re} \leq 3\times10^6$	either laminar or turbulent
$\mathrm{Re} \geq 3\times10^6$	turbulent

層流から乱流への遷移については平面、円柱、球など系の幾何学的特徴によって異なっている。
平板の場合は左記のように分類される。

1.2 Flow past bluff bodies

Consider a cylindrical object in a free stream of velocity U_∞.

(1) Laminar flow $\mathrm{Re}_D \sim 1.0$

At the very low Reynolds number, the flow patterns are as shown in Fig. 4-3.

次に境界層における流れの特徴を分かりやすく示す例として円柱周囲の流れの特徴について解説する。
Re数が1.0までの場合、円柱に沿った流れとなる（Fig.4-3）。

$$\mathrm{Re}_D = \frac{\rho U_\infty D}{\mu} \quad (D = \text{diameter of objects}) \tag{4-4}$$

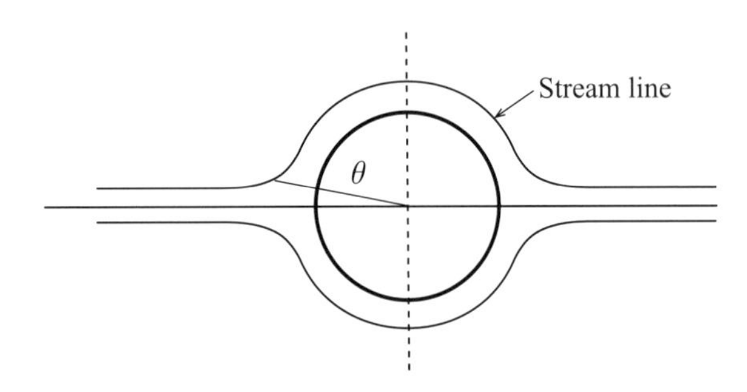

Fig. 4-3　Creeping flow around the bluff body.

Re数が1.0を超えたところから下流側で境界層の円柱からの剥離が生じ始める(Fig.4-4)。
物体の後方には流れの遅い領域が生じるが、これはwake（伴流）と呼ばれる。

(2) Boundary layer separation occurs $Re_D > 1.0$

As Reynolds number increases, the inertia force continue to increase and a breakdown of the boundary layer occurs. Separation results from dissipation of kinetic energy in the boundary layer by viscosity within the boundary layer if the mainstream is decelerating (the local pressure increases and acts in concert with the shearing forces). The kinetic energy of the fluid cannot meet viscous energy dissipation requirement and the boundary layer separates.

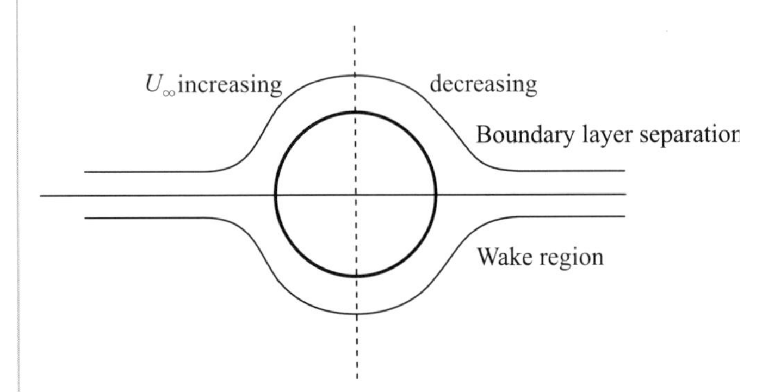

Fig. 4-4　Boundary layer separation occurs.

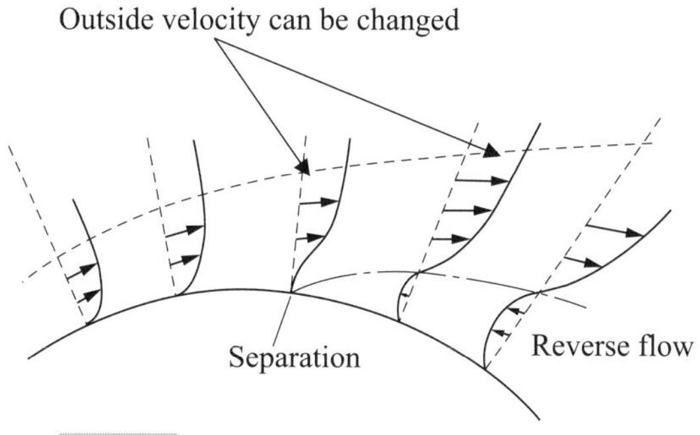

Fig. 4-5 Development of flow separation.

Fig.4-5は境界層が物体から剥離すると共に、対抗する流れが物体表面を覆う様子を表している。
境界層中で運動エネルギーの物体に添った流れが減速する場合、消散によって、層の剥離が進行する。流体の運動エネルギーが粘性エネルギーの消散に対応できない結果として境界層の剥離が起こる。

(3) $Re_D \sim 5\times10^5$

Increasing Re_D causes the separation point to more forward and it reaches a value of $\theta=85°$. Up to the point, the boundary layer attached is laminar.

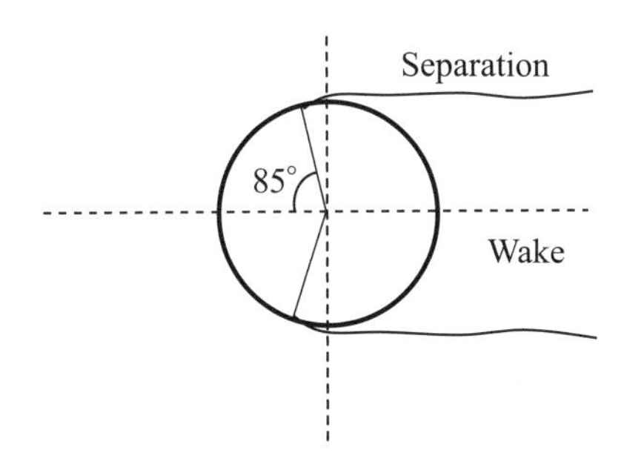

Fig. 4-6 Point of flow separation moves forward at $Re_D \sim 5\times10^5$.

さらにRe数が増加すると層の剥離開始位置は上流側に移動する。Re数が5×10^5程度の場合、$\theta=85°$ 程度である(Fig.4-6)。流れはここまでは層流で物体に沿って流れている。

(4) $Re_D > 5\times10^5$

Further increase of Re_D causes a transition to turbulent flow and the separation point move to the rear ($\theta=135°$).

$Re_D > 5\times10^5$になると流れは乱流に遷移すると共に剥離する位置は再び後方に移動する。この位置まで物体に沿った流れは乱流であり、その後剥離して伴流を形成する(Fig.4-7)。

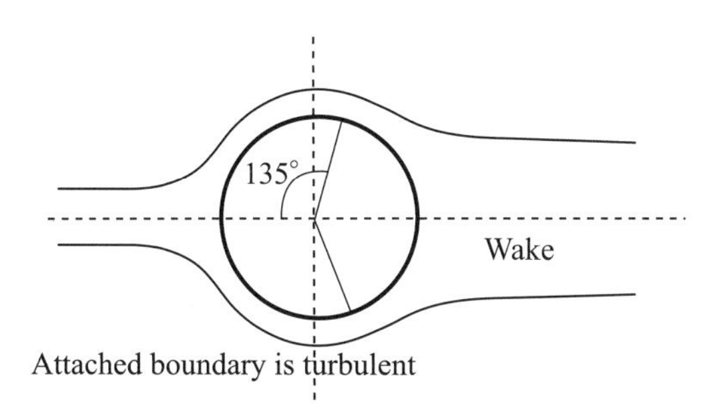

Fig. 4-7 Point of flow separation moves backward at $Re > 5\times10^5$.

2. Evaluation of Convective Heat Transfer Coefficient

2.1 Dimensional analysis combined experiments

熱伝達係数の導出について、以下に示す。BuckinghamのΠ定理にしたがえば、Nu数はEq.4-5で表される。
種々の系について、C、m、nは実験によって求めることが可能である。

Using Buckingham Π theorem, Nu number is expressed as a function of Re number and Pr number,

$$\mathrm{Nu}=f(\mathrm{Re})\,g(\mathrm{Pr}) \tag{4-5}$$

$$\frac{hL}{k}=C\cdot\mathrm{Re}^m\,\mathrm{Pr}^n=C\left(\frac{\rho UL}{\mu}\right)^m\left(\frac{C_p\mu}{k}\right)^n \tag{4-6}$$

from experiments determine C, m, n, for several streams.

例えばFig. 4-8のような系においてNu数はEq.4-7のように表すことができる。

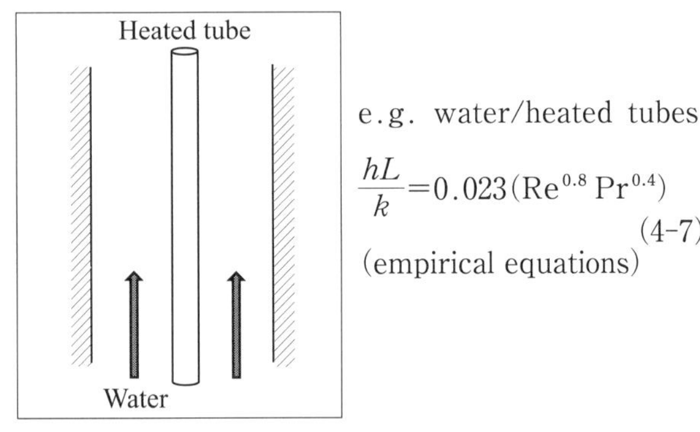

e.g. water/heated tubes

$$\frac{hL}{k}=0.023(\mathrm{Re}^{0.8}\,\mathrm{Pr}^{0.4}) \tag{4-7}$$

(empirical equations)

Fig. 4-8 Measurement of heat transfer coefficient between water and heated tube.

続いて、Eq.4-6 の理論的合理性について平板の系を例に検証する。

2.2 Exact mathematical solution of a boundary layer surrounding a flat plate

解析の前提は以下の通りである。
1) 2 次元流れ、2)非圧縮性流体、3)圧力は一定(定数)、4)定常状態、5)流体の物性は一定、6)流動と熱移動は連成させない。

〈Assumptions〉

1) 2 dimensional flow
2) fluid is incompressible
3) pressure to be constant
4) steady state
5) fluid properties are constant
6) fluid flow and heat flow are uncoupled

連続の式、運動の式はそれぞれEq.4-8、4-9 で表され、これらを所定の境界条件

(a) Equation of continuity (conservation of mass)

$$\frac{\partial u}{\partial x}+\frac{\partial v}{\partial y}=0 \tag{4-8}$$

の下に解くと、境界層厚みδはEq.4-10のように求まる。

(b) Force balance or momentum balance (Navies-stokes eq.)

$$u\frac{\partial u}{\partial x}+v\frac{\partial u}{\partial y}=\frac{\mu}{\rho}\frac{\partial^2 u}{\partial y^2} \tag{4-9}$$

Solution of those equations subject to the boundary conditions gives velocity profiles.

From the velocity profiles, it is possible to calculate the boundary layer thickness.

$$\delta=\frac{5x}{\sqrt{\mathrm{Re}_x}}, \quad \text{at } \delta \quad \frac{u}{U_\infty}=0.99 \tag{4-10}$$

Apply an energy balance to a small fluid element in the boundary layer, energy transport equation is,

エネルギーバランスを境界層中の要素に適用する。
エネルギーの輸送方程式はEq.4-11のように表される。

$$u\frac{\partial T}{\partial x}+v\frac{\partial T}{\partial y}=\frac{k}{\rho C_p}\frac{\partial^2 T}{\partial y^2} \tag{4-11}$$

〈Note〉 Eqs. 4-9 and 4-11 are similar if $\frac{\mu}{\rho}=\frac{k}{\rho C_P}$, then we can use the same solution.

〈注〉ここでEq.4-9とEq.4-11を比較すると、動粘性係数と熱拡散係数が等しい場合、温度分布と速度分布は一致することが分かる（Fig.4-9）。

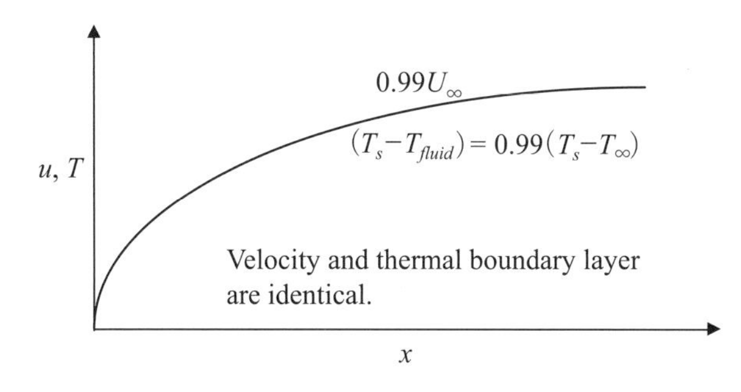

Fig. 4-9 Identical layer of velocity and thermal boundary.

Thermal boundary layer corresponds to the location where temperature gradient reaches,

$$\underset{\Delta T}{\underbrace{(T_S-T_{fluid})}}=0.99(T_S-T_\infty) \tag{4-12}$$

この場合、Eq.4-13 はEq.4-14となるが、この右辺はPr数（運動量拡散係数と熱拡散係数の比）の逆数である。

$$\boxed{\frac{\mu}{\rho}=\frac{k}{\rho C_p}} \tag{4-13}$$

$$\rightarrow 1=\frac{k}{\mu C_p} \tag{4-14}$$

Prandtl number $$\boxed{\Pr=\frac{\mu C_p}{k}} \tag{4-15}$$

$$=\text{ratio}\left(\frac{\text{momentum diffusivity}}{\text{thermal diffusivity}}\right)$$

すなわちPr数が１の場合、流れの境界層厚みと熱境界層厚みは一致することになる。例えば空気の場合、Pr数は0.7～1.0の値を取る。

If $\Pr=1$ (0.7～1.0 for air), $\delta_v=\delta_{th}$ (4-16)

velocity　thermal

For all other valves of Pr, $\delta_{th}\simeq\frac{\delta_v}{\Pr^{1/3}}$ (4-17)

熱伝達係数の導出のステップは以下のようになる。

〈ステップ１〉　流速分布の算出

〈ステップ２〉　流速分布に基づく温度分布の算出

〈ステップ３〉　界面における温度勾配の算出

〈ステップ４〉　界面における熱流束の算出

〈ステップ５〉　熱流束をバルク-表面の温度差で除すことによる熱伝達係数の導出

Steps of calculation of heat transfer coefficient are,

〈**Step 1**〉 calculate velocity distribution

〈**Step 2**〉 calculate temperature distribution

〈**Step 3**〉 calculate $\left.\frac{\partial T}{\partial y}\right|_{y=0}$

〈**Step 4**〉 calculate $\frac{\dot{q}}{A}$

〈**Step 5**〉 calculate $h=\frac{\frac{\dot{q}}{A}}{T_\infty-T_s}$

ステップ４において熱流束はEq.4-18（距離 x の関数）となり、長さLの平板における平均熱流束は、Eq.4-21のように表すことができる。

As a result, the heat flux is expressed by the following equation as a function of distance x,

$$\frac{\dot{q}}{A}=-k\left.\frac{\partial T}{\partial y}\right|_{y=0}=\frac{-0.332k\,\mathrm{Re}_x^{1/2}\Pr^{1/3}(T_\infty-T_s)}{x} \tag{4-18}$$

The average heat flux ($\dot{q}_{av}/A$) for the plate of length L is,

$$\frac{\dot{q}_{av}}{A}=\frac{1}{L}\int_0^L\frac{\dot{q}}{A}dx \tag{4-19}$$

$$=\frac{1}{L}\int_0^L\frac{-0.332k\,\mathrm{Re}_x^{1/2}\Pr^{1/3}(T_\infty-T_s)dx}{x} \tag{4-20}$$

$$=0.664\frac{k}{L}\mathrm{Re}_L^{1/2}\Pr^{1/3}(T_s-T_\infty) \tag{4-21}$$

対流熱伝達係数（$x=L$にわたっての平均値）はEq.4-22のようになる。

Average heat transfer coefficient is,

$$\bar{h}_{cx}=\frac{\dot{q}_{av}}{A(T_s-T_\infty)}=0.664\frac{k}{L}\mathrm{Re}_L^{1/2}\Pr^{1/3} \tag{4-22}$$

Therefore Nusselt number is,

$$\mathrm{Nu}=\frac{\bar{h}_{cx}}{k}L=0.664\,\mathrm{Re}_L{}^{1/2}\mathrm{Pr}^{1/3} \tag{4-23}$$

したがってNu数はEq.4-23 のように求められる。

Application; It was used in "Anemometry" for velocity measurement. Today Laser-Doppler Anemometry has replaced Thin Film Anemometry for velocity measurement.

2.3 Approximate solution of the boundary layer equations

続いて境界層方程式の簡略解の導出について説明する。

Fig.4-10 に示すような境界層においてA-1-2-Aの要素を考える。

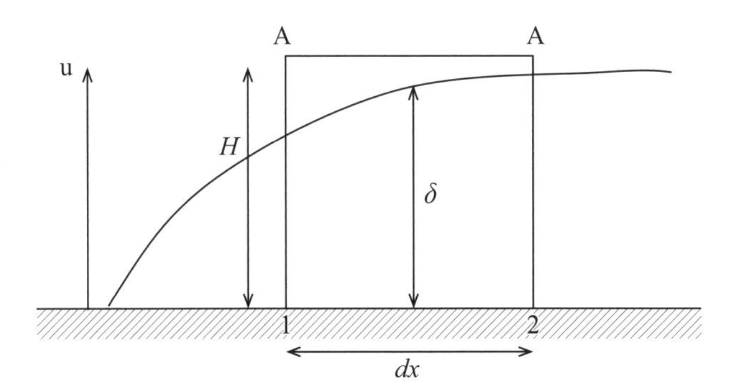

Fig. 4-10 An element of control volume at the boundary layer.

Here the mass balance and force balance are applied to the volume element as shown,

この要素におけるマスバランスはEq.4-24～26のようになる。

$$\text{Mass inflow at A-1}=\int_0^H \rho u dy \tag{4-24}$$

$$\text{Mass outflow at A-2}=\int_0^H \rho u dy+\frac{d}{dx}\int_0^H (\rho u dy)dx \tag{4-25}$$

$$\text{Mass inflow at A-A}=\frac{d}{dx}\int_0^H (\rho u dy)dx \tag{4-26}$$

Apply a momentum balance

さらに、運動量バランスを取るとEq.4-31が得られる。

$$\text{Rate of momentum inflow at A-1}=\int_0^H \rho u^2 dy \tag{4-27}$$

$$\text{Rate of momentum inflow at A-A}=\frac{d}{dx}\left(\int_0^H \rho u U_\infty dy\right)dx \tag{4-28}$$

A-1面とA-2面には圧力pが作用し固液界面にはせん断力τが作用するため(Eq.4-30)、この要素に作用する力のバランスは最終的にEq.4-31のように表される。

Rate of momentum outflow at A-2

$$=\int_0^H \rho u^2 dy + \frac{d}{dx}\int_0^H (\rho u^2 dy)dx \quad (4\text{-}29)$$

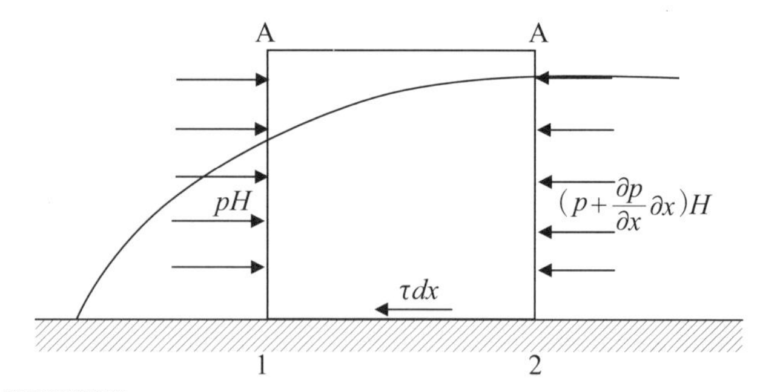

Fig. 4-11 Momentum balance in the volume element at the boundary layer.

Rate of change of momentum in x-direction

=forces acting on control volume

$$=pH-\left(pH+\frac{\partial p}{\partial x}\partial xH\right)-\tau dx \quad (4\text{-}30)$$

$$\int_0^H \rho u^2 dy + \frac{d}{dx}\int_0^H (\rho u^2 dy)\mathrm{d}x - \int_0^H \rho u^2 dy - \frac{d}{\partial x}\int_0^H \rho u U_\infty dydx = -H\frac{\partial p}{\partial x}\partial x - \mu\left.\frac{\partial u}{\partial y}\right|_{y=0} dx \quad (4\text{-}31)$$

平板においてはx方向の圧力変化はない(Eq.4-32)。

In general for a flat plate

$$\frac{\partial p}{\partial x}=0 \quad (4\text{-}32)$$

流速uがEq.4-33で示す関数で表されるとして、境界条件の下に積分するとEq.4-34が得られる。

Assume $u=C_1+C_2y+C_3y^2+C_4y^3$ (4-33)

Solution for C_1, C_2, C_3, and C_4 using boundary conditions and integral,

$$\frac{u}{U_\infty}=\frac{3}{2}\frac{y}{\delta}-\frac{1}{2}\left(\frac{y}{\delta}\right)^3 \quad (4\text{-}34)$$

ここで、境界層厚みδはEq.4-35のようになるが、これを先ほどの厳密解(Eq.4-36) とほぼ一致することが分かる。

from which $\boxed{\delta=\frac{4.64x}{\mathrm{Re}_x^{1/2}}}$ (integral method) (4-35)

Compare with the analytical solution,

$$\delta=\frac{5x}{\mathrm{Re}_x^{1/2}} \quad (4\text{-}36)$$

One can perform a similar analysis on the thermal boundary layer.

続いて、同様の解析を熱境界層について行う。

Assume $T-T_s=C_1y+C_2y^3$ (4-37)

$(T-T_s)$がyの三次曲線で近似できると仮定して、Eq.4-38を得る。

$$\delta_{th}=\frac{0.9\,\delta}{\mathrm{Pr}^{1/3}} \tag{4-38}$$

previously $\delta_{th}=\frac{\delta}{\mathrm{Pr}^{1/3}}$ (4-39)

先の厳密解で得られたEq.4-39と比較すると、ほとんど一致することが分かる。位置xにおけるNu数はEq.4-40のようになり、これについても先の厳密解で得られたEq.4-41と比較して、ほぼ一致していることが分かる。

$$\boxed{\mathrm{Nu}_x=0.33\mathrm{Re}^{1/2}\,\mathrm{Pr}^{1/3}} \tag{4-40}$$

Compare Eq. 4-40 with the analytical solution for local heat thermal coefficient.

$$\mathrm{Nu}_x=0.332\mathrm{Re}^{1/2}\,\mathrm{Pr}^{1/3} \tag{4-41}$$

2.4 Analogy between heat and momentum transfer (Derivation of heat transfer coefficient based on analogy between heat and momentum transfer)

(1) Turbulent momentum transfer and heat transfer

熱移動と運動量移動のアナロジーに基づいた熱伝達係数の導出について考えてみよう。

In turbulent flow the time averaged mainstream velocity is,

$$\frac{1}{t}\int_0^t u dt=\overline{u} \tag{4-42}$$

乱流における変動分の時間平均は0であり、流束平均はEq.4-42のように表すことができる。

Regarding fluctuating components u' and v', the following relationships are noted.

$$\int_0^t u'dt=0,\quad \int_0^t v'dt=0 \tag{4-43}$$

Transport of x-momentum in y-direction

$$=-\rho v'(\overline{u}+u') \tag{4-44}$$

x方向の運動量のy方向への移送はEq.4-44で表され、その時間平均(せん断応力)はEq.4-45となる。

Time-averaged momentum transfer (shear stress)

$$\tau_t=-\frac{1}{t}\int_0^t \rho v'(\overline{u}+u')dt=-\rho\overline{v'u'} \tag{4-45}$$

乱流において、流れの要素がuに対して垂直な方向にℓの長さ運動しており、速度変動成分u'とℓはEq.4-46の関係をもつと仮定する。ここでℓは"Prandtlの混合長さ"と呼ばれる。

Prandtl mixing length ℓ describes u',

$$\boxed{u'=\ell\frac{d\overline{u}}{dy}} \tag{4-46}$$

(ℓ) depends on the structure of turbulence

Eq.4-46をEq.4-45に代入すると乱流せん断応力はEq.4-47となる。

$$\tau_t = -\rho\overline{u'v'} = -\rho v'\ell\frac{d\overline{u}}{dy} \qquad (4\text{-}47)$$

これを分子せん断応力（Eq.4-48）と比較すると、乱流にともなう粘度$\nu(=\epsilon_t)$は$\overline{v'\ell}$となり、分子せん断応力と併せて、せん断力はEq.4-50のように表される。

compare this to molecular shear stress

$$\tau_\ell = -\mu\frac{du}{dy} = -\nu\rho\frac{du}{\partial y} \qquad (4\text{-}48)$$

viscosity　kinetic viscosity

$$\tau_t = -\rho\epsilon_t\frac{d\overline{u}}{dy},\quad \epsilon_t = \overline{v'\ell} \qquad (4\text{-}49)$$

$$\boxed{\tau = -\rho(\nu+\epsilon_t)\frac{du}{dy}} \qquad (4\text{-}50)$$

一方、乱流における温度場は右図のようになるが、このℓが引き起こす温度変動はEq.4-46のアナロジーとしてEq.4-51のようになる。

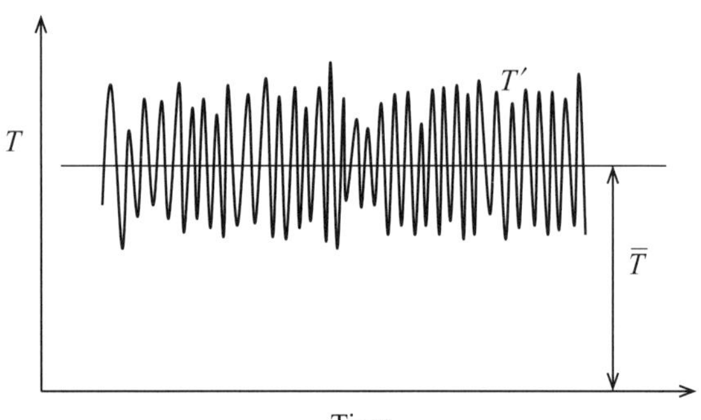

$T = \overline{T} + T'$ in a turbulent flow field

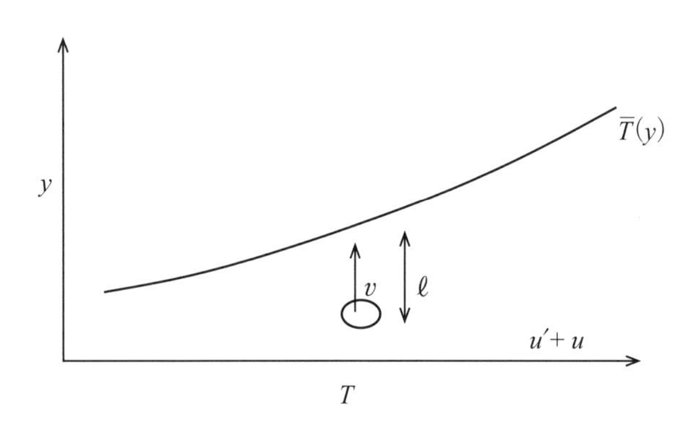

Calculate heat transport in y - direction in a turbulent boundary layer due to the fluctuating velocity component,

$$T' = -\ell\frac{d\overline{T}}{dy} \qquad (4\text{-}51)$$

この温度変動に伴う瞬間的な熱流束はEq.4-52 で表される。

instantaneous heat flux　$q_t = v'\rho C_p(\overline{T} + T')$　(4-52)

Average rate of turbulent heat transfer per unit area ($\dot{q}/A$) is

$$\frac{\bar{\dot{q}}}{A}=\rho C_p\overline{v'T'} \qquad (4\text{-}53)$$

$$\because \frac{1}{t^*}\int_0^{t^*}\rho C_p\overline{T}v'dt+\frac{1}{t^*}\int_0^{t^*}\rho C_p T'v'dt=\rho C_p\overline{T'v'} \qquad (4\text{-}54)$$

from Eq.4-51 and Eq.4-53

$$\frac{\bar{\dot{q}}}{A}=-\rho C_p\overline{v'\ell}\,\frac{d\overline{T}}{dy} \qquad (4\text{-}55)$$

Again $\overline{v'\ell}$ from earlier relation was ϵ_T

$$\frac{\bar{\dot{q}}_{total}}{A}=-k\frac{d\overline{T}}{dy}-\rho C_p\overline{v'\ell}\frac{d\overline{T}}{dy}=-\rho C_p(\alpha+\epsilon_t)\frac{d\overline{T}}{dy} \qquad (4\text{-}56)$$

この熱流束の時間平均はEq.4-53となりEq.4-51とEq.4-53 よりEq.4-55が得られる。
分子伝導熱流束と乱流熱流束の和はEq.4-56となる（Eq.4-50より$\overline{v'\ell}=\epsilon_t$）。
液体金属の場合を除き、ϵ_tはαより十分に大きい。

(2) Reynolds analogy for turbulent flow over a flat plate

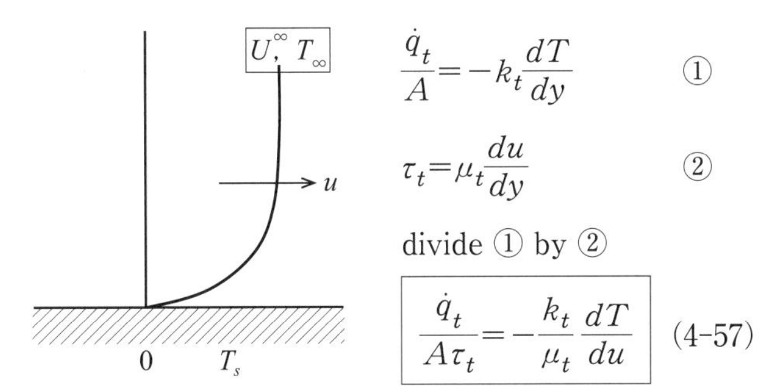

$$\frac{\dot{q}_t}{A}=-k_t\frac{dT}{dy} \qquad ①$$

$$\tau_t=\mu_t\frac{du}{dy} \qquad ②$$

divide ① by ②

$$\boxed{\frac{\dot{q}_t}{A\tau_t}=-\frac{k_t}{\mu_t}\frac{dT}{du}} \qquad (4\text{-}57)$$

左図に示すような境界層における熱流束①とせん断力②の比をとるとEq.4-57のようになる。

For turbulent flow,

momentum diffusivity ＝heat diffusivity$=\overline{v'\ell}$

$$\tau_t=\rho\overline{v'\ell}\frac{d\overline{u}}{dy},\quad \frac{\bar{\dot{q}}_t}{A}=-\rho C_p\overline{v'\ell}\frac{d\overline{T}}{dy} \qquad (4\text{-}58)$$

Laminar flow

$$\tau_l=\rho\nu\frac{du}{dy},\quad \frac{\dot{q}_\ell}{A}=-\underbrace{\frac{k}{\rho C_p}}_{\alpha}\rho C_p\frac{dT}{dy} \qquad (4\text{-}59)$$

乱流においては運動量の拡散係数と熱拡散係数は共に$\overline{v'\ell}$で表される。したがって乱流におけるせん断応力τ_tと熱流束$\frac{\bar{\dot{q}}_t}{A}$はEq.4-58のようになる。

ちなみに層流におけるせん断応力τ_ℓと熱流束$\frac{\bar{\dot{q}}_\ell}{A}$はEq.4-59である。

In turbulent flow $\alpha_t=\nu_t$

$$\frac{k_t}{\rho_t C_{pt}}=\frac{\mu_t}{\rho_t} \quad\rightarrow\quad \frac{k_t}{\mu_t}=C_{pt} \qquad (4\text{-}60)$$

乱流においては$\alpha_t=\nu_t$となるためEq.4-60 の関係がある。

Eq.4-57 and Eq.4-60 give,

$$\boxed{\frac{\dot{q}_t}{A}=-\tau_t C_{pt}\frac{\partial T}{\partial u}} \longleftarrow \text{Reynolds analogy} \qquad (4\text{-}61)$$

Eq.4-57とEq.4-60よりEq.4-61が得られるが、この関係はReynoldsアナロジーと呼ばれる。

$$\frac{\dot{q}}{A\tau_t C_{pt}}\int_0^{\infty}du=-\int_{T_s}^{T_\infty}dT \qquad (4\text{-}62)$$

$$\frac{\dot{q}}{A\tau_t C_{pt}}U_\infty=T_s-T_\infty \qquad (4\text{-}63)$$

Eq.4-61を境界面からバルクまで積分するとEq.4-63のようになる。

熱伝達係数による熱流束の式(Eq.4-64)とEq.4-63を比較するとEq.4-65が得られる。

$$\frac{\dot{q}_t}{A}=h_t(T_s-T_\infty) \quad (4\text{-}64)$$

$$\boxed{\frac{h_t U_\infty}{C_p \tau_t}=1} \quad (4\text{-}65)$$

乱流のせん断応力は運動エネルギーに薄膜摩擦係数を掛けたものであり、Eq.4-66で表される。Eq.4-65とEq.4-66からEq.4-67が得られるが、ここで無次元数 $\frac{h}{C_p\rho U_\infty}$ $\left(=\frac{\mathrm{Nu}_x}{\mathrm{Re}_x\mathrm{Pr}}\right)$ はStanton数と呼ばれる。

(3) Relation between heat transfer coefficient and skin friction coefficient (Stanton number and Colburn analogy)

Turbulent shear stress is also expressed by Eq.4-66.

$$\boxed{\tau_t=\frac{C_{f_x}\rho U_\infty{}^2}{2}} \quad (4\text{-}66)$$

C_{f_x}: skin friction coefficient

τ_t: turbulent shear stress

$$\boxed{\frac{h}{C_p\rho U_\infty}=\frac{C_{f_x}}{2}=\frac{\mathrm{Nu}_x}{\mathrm{Re}_x\mathrm{Pr}}=\text{Stanton number}=\mathrm{St}_x} \quad (4\text{-}67)$$

平板における薄膜摩擦係数は実験的にEq.4-68のように求められている。

The skin friction coefficient has been determined from experiments for a flat plate.

$$\boxed{C_{f_x}=0.0576\left(\frac{U_\infty x}{\nu}\right)^{-1/5}} \quad (4\text{-}68)$$

Hence it is possible to determine the heat transfer coefficient as shown using the analogy that in turbulent flow.

$$\mathrm{Pr}=1 \quad \text{or} \quad \alpha_t=\nu_t \quad (4\text{-}69)$$

ColburnはPr＝0.6〜50の範囲においてEq.4-70が成立することを示した。Colburnアナロジーとして知られている。

Colburn has shown that Eq.4-70 can be used for fluid having Pr=0.6〜50.

$$\boxed{\frac{\mathrm{Nu}_x}{\mathrm{Re}_x\mathrm{Pr}^{1/3}}=\frac{C_{f_x}}{2}} \quad \text{Colburn analogy} \quad (4\text{-}70)$$

3. Natural Convection

This involves heat exchange between solid and adjacent fluid due to density differences causing the motion of the fluid.

固体表面で密度差によって引起される流れ(自然対流)は固体との間で生じる熱移動に関連している。

3.1 Convection in fluids adjacent to vertical "infinite wall"

Fig.4-12に示すような垂直の無限平面近傍での自然対流を考える。

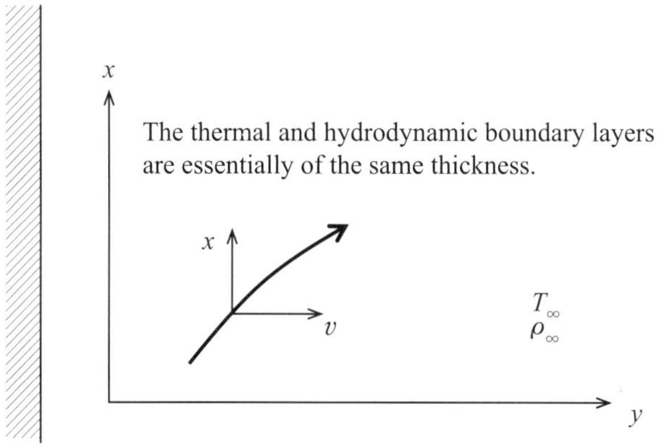

The thermal and hydrodynamic boundary layers are essentially of the same thickness.

x, v, y, T_∞, ρ_∞

Fig. 4-12 Convection near the vertical flat plate.

〈Equations〉

continuity
$$\frac{\partial u}{\partial x}+\frac{\partial v}{\partial y}=0 \tag{4-71}$$

momentum
$$\underbrace{\rho u\frac{\partial u}{\partial x}+\rho v\frac{\partial u}{\partial y}}_{\text{inertia forces}}=\underbrace{\mu\frac{\partial^2 u}{\partial y^2}}_{\text{viscous forces}}+\underbrace{(\rho_\infty-\rho)g}_{\text{buoyancy forces}} \tag{4-72}$$

連続の式としてEq.4-71、運動量の式としてEq.4-72。ここでEq.4-72の右辺第二項は浮力である。

thermal expansion (β)
$$(\rho_\infty-\rho)g=y\rho\beta(T_\infty-T) \tag{4-73}$$

この浮力は温度変化と熱膨張係数を用いEq.4-73のように表すことができる。

Energy transport equation

$$u\frac{\partial T}{\partial x}+v\frac{\partial T}{\partial y}=\alpha\frac{\partial^2 T}{\partial y^2} \tag{4-74}$$

Eq.4-74はエネルギー輸送の式である。

〈Assumptions〉 i) incompressible flow

ii) ρ changes in the boundary layer

仮定として
1)非圧縮性の流体
2)境界層における密度の変化

Eq.4-75のような境界条件、初期条件の下に、Eq.4-71～74を解くと、Eq.4-76のようにまとめることができる。

boundary conditions;

1) $y=0,\quad T(x, 0)=T_0$

2) $y=\infty,\quad T(x, \infty)=T_\infty$

3) $x=0,\quad T(0, y)=T_\infty$

4) $y=\infty,\quad u(x, \infty)=U_\infty$

(4-75)

Thermal and hydrodynamic boundary layers

Grashof数はEq.4-77で示される。ここでνは動粘性係数、βは膨張係数である。

Reduce solution to the following form.

$$Nu_X=0.359\,Gr_X^{1/4},\qquad Pr=0.733 \tag{4-76}$$

$$\left(Nu_X=\text{Nusselt number}\ =\frac{hX}{k}\right)$$

$$Gr_X=\text{Grashof number}\ =\frac{\beta g X^3(T_0-T_\infty)}{\nu^2} \tag{4-77}$$

where ν : kinetic viscosity

β : coefficient of thermal expansion

$$=\frac{\rho_\infty-\rho}{\rho_\infty(T-T_\infty)} \tag{4-78}$$

さらに長さLにわたっての平均Nusselt数はEq.4-79のように表される。

Mean Nusselt number over a plate of length L

$$Nu_L=0.478\,Gr_L^{1/4} \tag{4-79}$$

垂直平板や円柱において実測されたNu数は、層流、乱流においてそれぞれEq.4-80およびEq.4-81のようになる。Nu数と、Gr数とPr数の積の関係を、Fig.4-13に示す。

Generally for vertical plates and cylinders,

$$\text{Laminar}\ Nu_L=0.555(GrPr)^{1/4},\quad GrPr<10^9 \tag{4-80}$$

$$\text{Turbulent}\ Nu_L=0.0210(GrPr)^{2/5},\quad GrPr>10^9 \tag{4-81}$$

Empirical correlation is shown in Fig. 4-13 based on measurements.

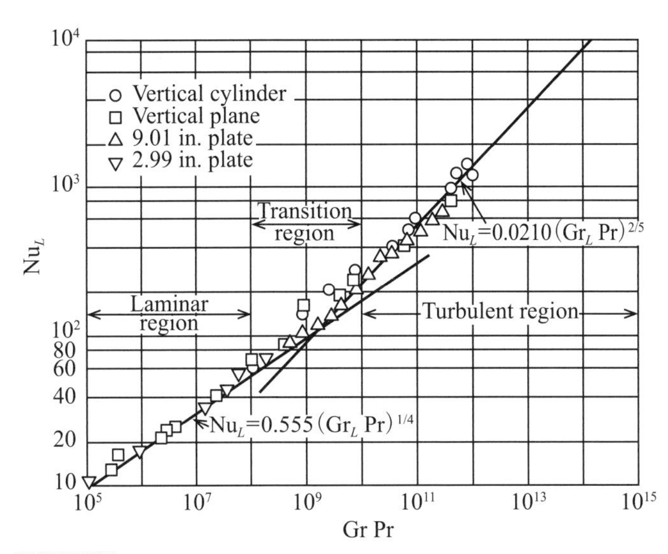

Fig. 4-13 Correlation of natural convection(Nu_L vs Gr Pr) for vertical surface.

〈Case study 4-1〉 Natural convection in vertical channels

As an air gap due to the shrinkage in the ingot mold casting, consider two vertical plane walls, one heated, one cooled with negligible end effect.

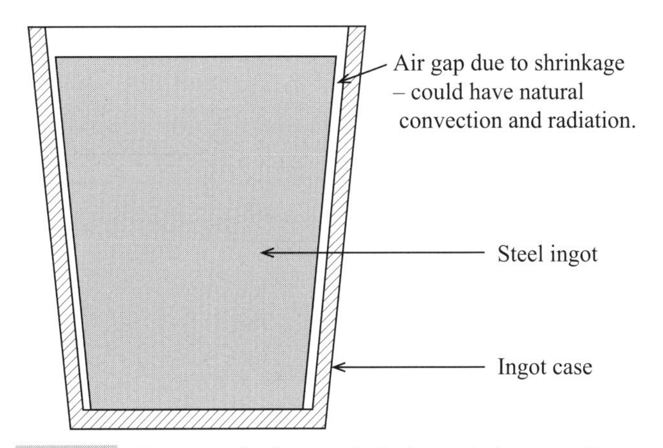

Fig. 4-14 Heat transfer in a vertical air gap in ingot casting.

〈ケーススタディー 4-1〉

Fig.4-14に示すように、インゴット鋳型中で凝固する鋼（鋼塊）の表面と鋳型の内表面の間に形成されるエアギャップにおいて、片方の垂直平面と、もう一方の垂直平面にはかなりの温度差があるため、このエアギャップにおいては熱対流が発生していると考えることができる。このエアギャップを簡略化して次ページの図のように表す。

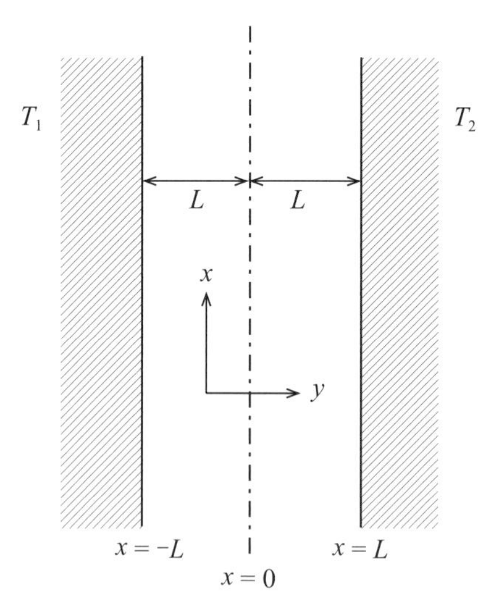

エアギャップにおける要素の熱収支から得られるEq.4-82 をEq.4-83、84の下に解いて、Eq.4-85を得る。

Heat balance on a control volume.

$$\frac{\partial^2 T}{\partial y^2}=0 \tag{4-82}$$

$$y=L,\ T=T_1 \tag{4-83}$$

$$y=-L,\ T=T_2 \tag{4-84}$$

Solution $$T=\left(\frac{T_1-T_2}{2}\right)\frac{y}{2}+\frac{T_1+T_2}{2} \tag{4-85}$$

一方、この要素における運動量の収支についてはEq.4-86となり、解としてEq.4-87が得られる。

Momentum balance on a control volume.

$$\mu\frac{\partial^2 u}{\partial y^2}=\underset{\underset{-\rho_\infty g}{\parallel}}{\frac{\partial p}{\partial x}}+\rho g \qquad \text{1-D, steady laminar} \tag{4-86}$$

$$y=L,\ T=T_1$$

$$y=L,\ T=T_2$$

Solution $$u^*=\frac{1}{12}\mathrm{Gr}\cdot y^*(1-y^*)^2 \tag{4-87}$$

where $$\mathrm{Gr}=\frac{\rho^2\beta g L^3\Delta T}{\mu^2} \tag{4-88}$$

u^*, y^*はそれぞれ、無次元化された速度、ギャップの厚みを表している。

$$u^*=\frac{L u_x \rho}{\mu} \tag{4-89}$$

$$y^*=\frac{y}{L} \tag{4-90}$$

高さH-幅Lの矩形の筐体における実験値は以下のようになる。

Empirical data for rectangular enclosure of height H and width L (one wall heated and one wall cooled):

流れがない場合、Eq.4-91。

conduction: $$\mathrm{Gr}_L<2\times10^3,\ \mathrm{Nu}_L=1 \tag{4-91}$$

laminar flow : $2\times10^3\leq Gr_L\leq2\times10^5$,

$$Nu_L=0.18\,Gr_L^{\frac{1}{4}\left(\frac{H}{L}\right)^{-1/9}} \quad (4\text{-}92)$$

層流の場合、Eq.4-92。

turbulent flow : $2\times10^5\leq Gr_L\leq2\times10^7$,

$$Nu_L=0.065\,Gr_L^{\frac{1}{3}\left(\frac{H}{L}\right)^{-1/9}} \quad (4\text{-}93)$$

乱流の場合、Eq.4-93。

For low Pr fluids (liquid metals, constant heat flux boundaries)

$$Nu_D=0.438\left(Gr^*_D\frac{D}{L}\right)^{0.141},\ \ 10^{-2}<Gr^*_D\frac{D}{L}\leq10^3 \quad (4\text{-}94)$$

$$Nu_D=1.16+0.269\left(Gr^*_D\frac{D}{L}\right)^{0.180},\ \ 10^3<Gr^*_D\leq10^9 \quad (4\text{-}95)$$

where $Nu_D\equiv\frac{hD}{k}$, mean Nusselt number

$D\equiv$channel width

$L\equiv$channel height

$$Gr^*_D\equiv\frac{\beta\ \dot{q}/A}{\nu^2k}D^4,\ \text{modified Grashof number} \quad (4\text{-}96)$$

Pr数が小さい流体（液体金属、壁面での熱流束が一定）においては、左記の式が適用される。

3.2 Natural convection from horizontal surfaces

(1) Horizontal cylinders

Heated horizontal cylinders in liquids and gases:

$$Nu_D=0.53(Gr_D\,Pr)^{1/4},\ 10^4<Gr_D\,Pr<10^9 \quad (4\text{-}97)$$

水平に置かれた円柱において、液体や気体中にある熱せられた円柱の場合、Eq.4-97。

Streamline flow of metallic and non-metallic fluids adjacent to horizontal cylinders:

$$Nu_D=0.53\left(\frac{Pr}{0.952+Pr}Gr_D\,Pr\right)^{1/4} \quad (4\text{-}98)$$

水平の円柱の近傍を流れる金属流体や非金属流体の場合、Eq.4-98。

(2) Horizontal plane surfaces

Hot plate facing up, cold plate facing down:

$$Nu_L=0.54(Gr_L\,Pr)^{1/4},\ \ 10^5<Gr_L\,Pr<2\times10^7 \quad (4\text{-}99)$$

$$Nu_L=0.14(Gr_L\,Pr)^{1/3},\ \ 2\times10^7<Gr_L\,Pr<3\times10^{10} \quad (4\text{-}100)$$

水平平面において、
上面が熱せられている平面の場合、
Eq.4-99（$10^5<Gr_L\,Pr<2\times10^7$）。
Eq.4-100（$2\times10^7<Gr_L\,Pr<3\times10^{10}$）

Hot plate facing down, cold plate facing up:

$$Nu_L=0.27(Gr_L\,Pr)^{1/4},\ \ 3\times10^5<Gr_L\,Pr<10^{10} \quad (4\text{-}101)$$

下面が熱せられている平面の場合、Eq.4-101。

ここで代表長さは正方形の面の一辺の長さ、または矩形の面の二辺の平均長さであり、円形の場合は直径の0.9倍の長さを用いる。

Here the characteristic length is the length of a side of square surface, mean of dimensions of rectangular surface or 0.9 times the diameter of the circular area.

球もしくは矩形の固体について水平円柱の式を使うことになるが、修正した代表長さはEq.4-102（矩形体）、Eq.4-103（球体）で与えられる。

(3) Spheres and rectangular solids

Use expressions for horizontal cylinder but with modified significant length.

$$\frac{1}{L}=\frac{1}{L_{horizontal}}+\frac{1}{L_{vertical}} \tag{4-102}$$

For spheres

$$L=\frac{D}{2} \tag{4-103}$$

〈ケーススタディー 4-2〉

Fig.4-15に示すような溶融金属を保持したレードル(鍋)における自然対流による冷却→Problem 7に詳しい事例を紹介しているので参照のこと。

$Gr_L \geq Re_L{}^2$の場合、浮力は慣性力より重要となることに注意する。

〈Case study 4-2〉 Application of natural convection heat transfer correlations

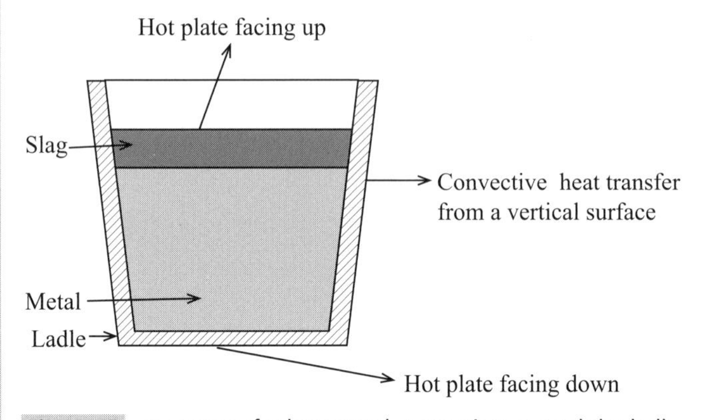

Fig. 4-15 Heat transfer by natural convection around the ladle.

Utilizing given correlations heat losses from a ladle or tundish can be calculated in case of combined free and forced convection. When buoyancy force becomes more important than inertia force ($Gr_L \geq Re_L{}^2$), natural convection can not be ignored.

4. Forced Convection -Empirical approach-

4.1 Flow inside tubes and ducts

管内の強制対流について

$$\frac{\dot{q}_{cv}}{A}=h_{cv}(T_s-T_{fluid}) \tag{4-104}$$

fluid temperature

surface temperature of tube wall or duct wall

convective heat transfer coefficient

管内を通過する流体による熱移動はEq.4-104で記述される。

h_{cv} is normally evaluated from an empirical correlation containing $\mathrm{Nu}=\frac{h_{cv}D_H}{k}$. (4-105)

ここで熱伝達係数はEq.4-105で与えられる。

〈Case study 4-3〉 **Water cooling in continuous casting mold**

〈ケーススタディー 4-3〉

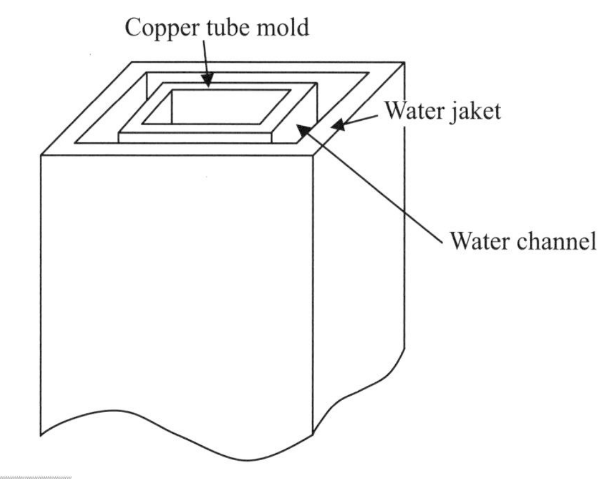

Fig. 4-16 Structure of continuous casting mold.

ビレットの連続鋳造で使用されるチューブラーモールドの構造をFig.4-16 に示す。

Define fluid temperature in cases where fluid temperature is constantly changing in CC mold.

$$\frac{\dot{q}_{cv}}{A}=h_{cv}(T_m-T_{fluid}) \tag{4-106}$$

reference fluid temperature

mold wall temperature

この鋳型内を流れる水の温度はチャンネルの幅方向、長さ方向で変化するため、どの値を用いるか、規定する必要がある。鋳型内の熱流束はEq.4-106で表されるが、ここでの冷却水温T_{fluid}はEq.4-107で示すような平均値を用いる場合もある。

Mean fluid temperature is

$$(T_{fluid})_m = \frac{1}{A\,u_{av}} \int u T_{fluid} dA \qquad (4\text{-}107)$$

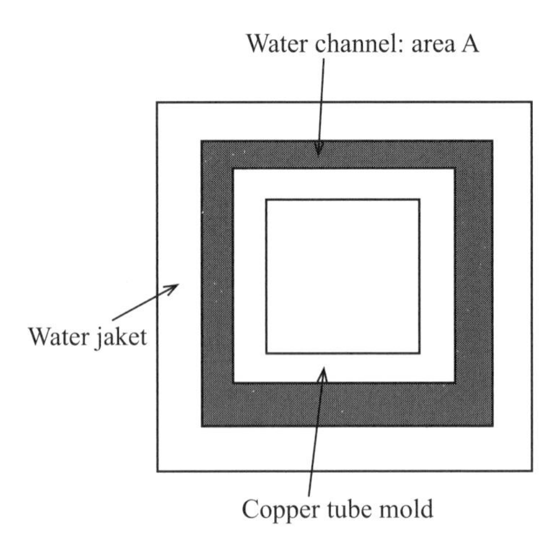

$$\mathrm{Nu} = \frac{h_{cv} D_H}{k_w} \qquad (4\text{-}108)$$

鋳型内の熱伝達係数はEq.4-108で与えられる。
ここで水の熱伝導率 k_w は T_b(バルクの温度)、あるいは T_s(銅板の表面温度)と T_bの平均値で与えることもある。
D_Hは水路の代表径(厚み)で、Eq.4-109で与えられる。

k_w – is evaluated either (1) at bulk fluid temperature T_b or at "mixing up" temperature or (2) reference fluid temperature $(T_{fluid})_m$ or at mean film temperature $T_m = \frac{T_s + T_b}{2}$.

D_H – is hydraulic diameter of a channel, duct or annulus.

$$D_H = \frac{4 \times \text{area of cross section of flow}}{\text{wetted parameter}} \qquad (4\text{-}109)$$

右図のように円管で構成される鋳型/水路の場合、代表径はEq.4-112となる。

In case of round billet mold, a wetted parameter is expressed as Eq.4-111.

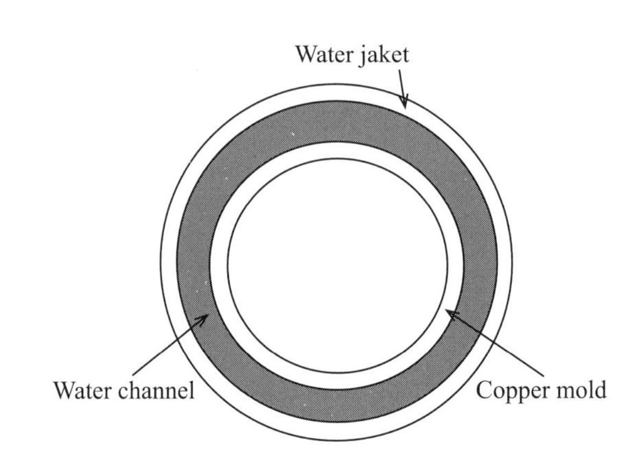

A (area of cross section of flow)

$$=\frac{\pi}{4}(D_1{}^2-D_2{}^2) \tag{4-110}$$

$$\text{wetted parameter}=\pi D_2+\pi D_1 \tag{4-111}$$

$$\therefore D_H=\frac{4\cdot\frac{\pi}{4}(D_1{}^2-D_2{}^2)}{\pi(D_1+D_2)}=D_1-D_2 \tag{4-112}$$

4.2 Empirical expressions of heat transfer

(1) Turblent flow inside pipes and ducts

円管内の流れと熱移動

a) Dittus-Boelter equation

a) Dittus-Boelterの式

$$\mathrm{Nu}_D=0.023\,\mathrm{Re}_D{}^{0.8}\,\mathrm{Pr}^n \tag{4-113}$$

where

1) $n=0.3$ if fluid being cooled

$n=0.4$ if fluid being heated

2) fluid properties evaluated at average mean fluid temperature (1/2 between wall and bulk fluid, and 1/2 way between inlet and outlet).

3) $\mathrm{Re}_D>10^4$

4) $0.7<\mathrm{Pr}<100$

5) $\frac{L}{D}>60$

$$\mathrm{Pr}=\frac{\text{momentum diffusivity}}{\text{thermal diffusivity}}$$

→in case of metal, Pr is very small

b) Colburn analogy

b) Colburnアナロジーに基づく式

$$\mathrm{St}=0.023\,\mathrm{Re}_D{}^{-0.2}\mathrm{Pr}^{-2/3} \tag{4-114}$$

where

1) St evaluated at average mean fluid temperature.

2) Re_D and Pr evaluated at average film temperature.

3) $\mathrm{Re}_D>10^4$

4) $0.7<\mathrm{Pr}<160$

5) $\frac{L}{D}>60$

c) Colburnアナロジー（修正則）
粘度が大きく変化する場合管表面と流体の平均温度に差があり、粘性の差を考慮する必要がある場合に用いられる。

c) McAdams modification of Colburn expression

$$\mathrm{St}=0.023\,\mathrm{Re}_D^{\ -0.2}\mathrm{Pr}^{-2/3}\left(\frac{\mu_m}{\mu_s}\right)^{0.14} \qquad (4\text{-}115)$$

evaluates the large change of viscosity

where

1) all fluid properties evaluated at average mean temperature except μ_s which is evaluated at T_s
2) $\mathrm{Re}_D > 10^4$
3) $0.7 < \mathrm{Pr} < 17{,}000$
4) $\frac{L}{D} > 60$

d) 入口での熱移動
管の長さが短く、入口形状の影響を考慮する必要がある場合にEq.4-116、4-117が用いられる。

d) Entrance heat transfer

For gases and liquids in short circular tubes $\left(2<\frac{L}{D}<60\right)$ with abrupt contraction entrances and Reynolds numbers corresponding to turbulent flow

$$2<\frac{L}{D}<20, \qquad \frac{\bar{h}_{c_L}}{\bar{h}_{c_\infty}}=1+\left(\frac{D}{L}\right)^{0.7} \qquad (4\text{-}116)$$

$$\frac{L}{D}>20, \qquad \frac{\bar{h}_{c_L}}{\bar{h}_{c_\infty}}=1+6\left(\frac{D}{L}\right) \qquad (4\text{-}117)$$

Here $\bar{h}_{c_L}$ is the heat transfer coefficient for tube of finite length L.

$\bar{h}_{c_\infty}$ is the heat transfer coefficient for tube of infinite length, i.e. for fully developed turbulent flow.

層流（管の壁温度が一定）

(2) Laminar flow inside pipes and ducts – constant wall temperature

Sieder-Tateの式

Sieder-Tate equation

$$\mathrm{Nu}_L=1.86\left(\mathrm{RePr}\frac{D_H}{L}\right)^{1/3}\left(\frac{\mu_m}{\mu_s}\right)^{0.14} \qquad (4\text{-}118)$$

Fluid properties are evaluated at bulk fluid temperature.
μ_s is evaluated at the surface temperature of the tube.

5. Forced Convection in External Flow

Recall the biggest difference between flow past flat plates and flow past bluff bodies such as cylinders and spheres is a separation of the boundary layer and reversal of flow in the latter case.

円柱などの外部の強制対流と伝熱平板を通過する流れと円柱や球を通過する流れの大きな違いは表面での剥離や逆流であり、熱流束の分布に大きく影響している。円柱周囲の流れの特徴については本章の１節で詳しく触れた。Fig.4-7は円柱の外部を流れが通過する場合の、円柱に沿った熱伝達係数の周方向の分布を種々のRe数につい示したものである。

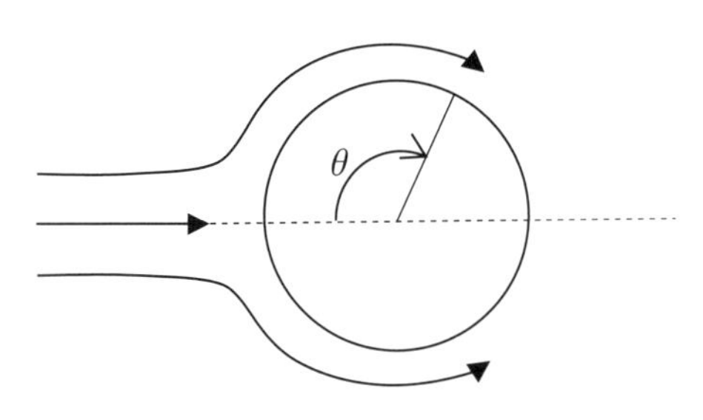

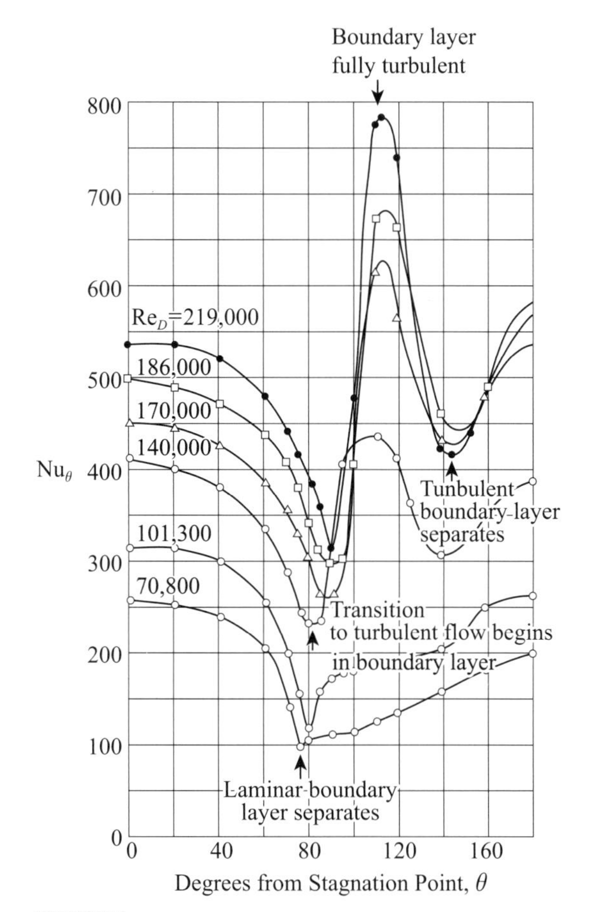

Fig. 4-7 Angular variation of Nusselt number in flow over a cylinder.

低Re数(＜10^5)の場合：
層流が剥離する点に近づくにつれNu数は減少し、その後緩やかに増加する。

5.1 Lower Re (＜10^5)

Nusselt number decreases around to a point where laminar boundary layer separates, then slow increases.

高Re数の場合：
Nu数は層流が乱流に遷移する点で最小となる。その後Nu数は増加し、境界層の乱流が十分に発達したところで最大値を示すが、その後再び減少し乱流境界層が剥離した時点で２回目の最小値を示す。

5.2 Higher Re

Again minimum in Nu at point of initial transition from laminar to turbulent Nu increases and reaches a maximum where boundary layer is fully turbulent.

Nu reaches the second minimum where turbulent boundary layer separates.

平均値的な計算のために、円柱の形状（外径）や流体物性とNu数とを関連付ける研究も行われている。
流体が気体の場合、Eq.4-119となる。

For calculation purpose attempts have been made to correlates total heat transfer around the cylinder with geometry and fluid properties.

for gas $$Nu_D = B\,Re_D^n \qquad (4\text{-}119)$$

Values of the constants B and n to be used in Eq. 4-119

Re_D	B	n
0.4-4	0.891	0.330
4-40	0.821	0.385
40-4,000	0.615	0.466
4,000-40,000	0.174	0.618
40,000-400,000	0.0239	0.805

円管群を横切る液体の流れの場合、Eq.4-120が用いられる。

for liquid $$Nu_D = [0.35 + 0.56\,Re^{0.5}]\,Pr^{1/2} \qquad (4\text{-}120)$$

Chapter V
Radiative Heat Transfer

Thermal radiation is an extremely important mode of heat transfer especially at high temperature. It is a form of electromagnetic emission confined to wavelength between 0.1 and 100μm in the spectrum.

輻射伝熱はおおよそ0.1~100μmの波長波を持つ電磁波によって引起される。

The fundamentals of thermal radiation can be broadly divided into three sections.

ここでは、輻射伝熱の基礎として主に以下の3つのカテゴリーを中心に解説する。

i) The blackbody, the Stefan-Boltzmann law and basic radiation properties

i)黒体、Stefan-Boltzmannの法則、および輻射の基礎特性

ii) Radiation shape factors and radiant heat exchange between different surface and media

ii)形状係数など異なる表面間の輻射強度に関する理論

iii) Electrical network analogy for radiation

iii)電気回路アナロジーを用いた輻射問題の解法

1. The Blackbody and Stefan-Boltzmann law

1.1 Blackbody

A blackbody is a body that emits and absorbs the maximum amount of energy at given temperature.

黒体とは最大のエネルギーを放散し、かつ吸収する理想的な物体である。

(1) Basic radiation properties of surface

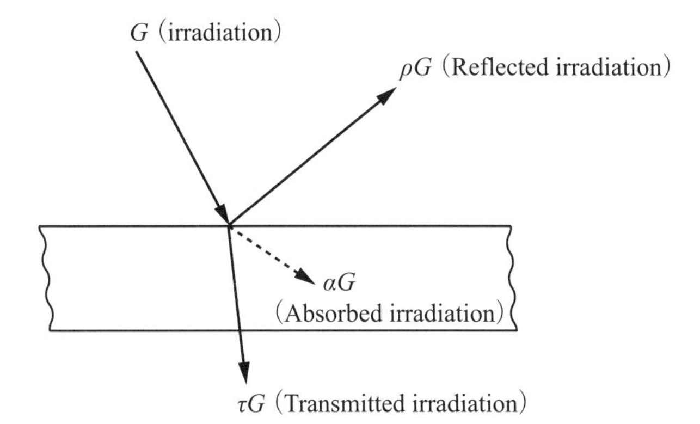

Fig. 5-1 Definition of total radiation properties.

Fig.5-1は物体の輻射特性について示したもので、輻射(入射)エネルギーGが、反射エネルギーρG、吸収エネルギーαG、透過エネルギーτGに分散する様子を図解したものである。

According to an energy balance in Fig. 5-1,

$$G = \rho G + \alpha G + \tau G \tag{5-1}$$

reflectivity　absorptivity　transmissivity

輻射エネルギーの収支はEq.5-1のようになり、物質の輻射特性であるα、ρ、τの和は1となる。

therefore

$$\alpha+\rho+\tau=1 \tag{5-2}$$

不透明の物質では$\tau=0$である。

Opaque materials do not transmit thermal radiation.

$$\tau=0 \tag{5-3}$$

完全に反射する表面を持つ物質では$\rho=1.0$であるが、そのモードには①鏡反射と②分散反射がある。

If a surface is a perfect reflector,

$$\rho=1.0 \tag{5-4}$$

〈Note〉

Reflection → ① regular or specular
→ ② diffuse radiation

① Regular or specular where angle of reflection is the same as the angle of incidence. True for highly polished surface.

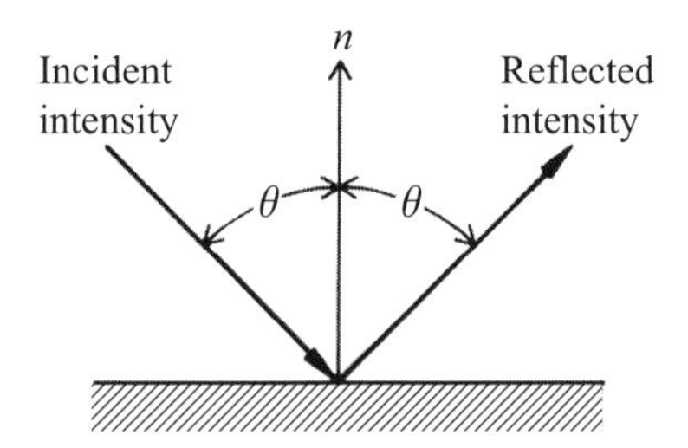

② Diffuse radiation

Radiation is reflected in all direction

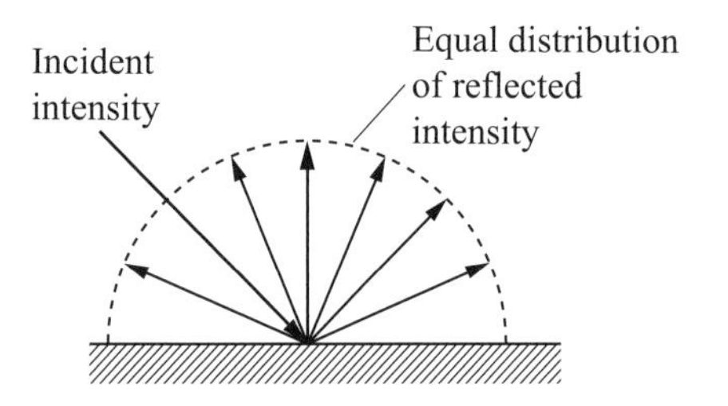

黒体は輻射エネルギーを最大限吸収するため$\alpha=1.0$である。

A blackbody absorbs the maximum amount of incident energy.

$$\alpha=1.0 \tag{5-5}$$

(2) Emissivity

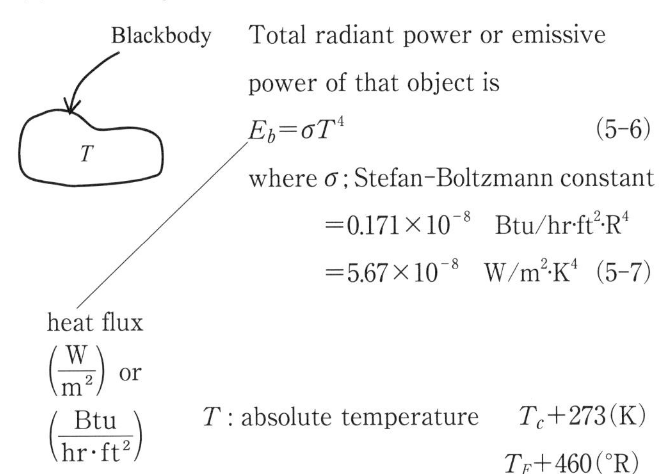

Total radiant power or emissive power of that object is

$$E_b=\sigma T^4 \quad (5\text{-}6)$$

where σ; Stefan–Boltzmann constant

$$=0.171\times10^{-8}\ \ \mathrm{Btu/hr{\cdot}ft^2{\cdot}R^4}$$

$$=5.67\times10^{-8}\ \ \mathrm{W/m^2{\cdot}K^4} \quad (5\text{-}7)$$

T : absolute temperature $\quad T_c+273(\mathrm{K})$

$T_F+460(°\mathrm{R})$

黒体の輻射エネルギーはEq.5-6 のように示される。
ここでσは Stefan-Boltzmann定数であり、ヤード・ポンド法では0.171×10^{-8} Btu/hr・ft^2・R^4、SI単位系では5.67×10^{-8}W/m^2・K^4となる。
なお、この式のTは絶対温度でKelvin度ではT(℃)+273、またRankin度ではT(°F)+460である。

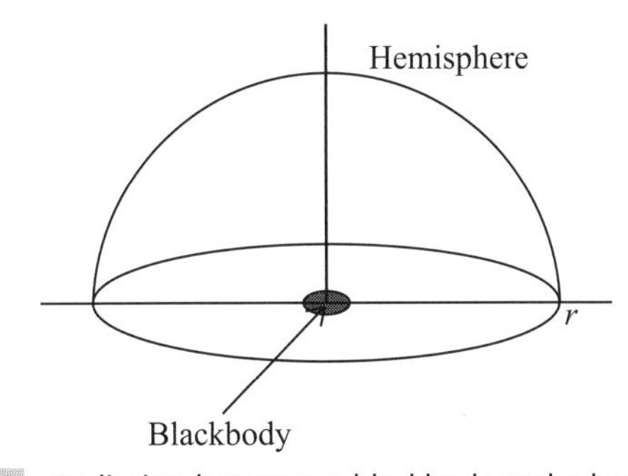

Fig. 5-2 Radiation between a blackbody and a hemisphere.

The emissive power of blackbody in the hemisphere shown in Fig.5-2 is $E_b=\sigma T^4$, while the emissive power of gray body is,

$$E=\varepsilon E_b=\varepsilon\sigma T^4 \quad (5\text{-}8)$$

where ε is emissivity

Fig.5-2に示すような半球内における黒体の輻射エネルギーはEq.5-6 のように表される。また、灰体の輻射エネルギーはEq.5-8のようになる。ここでεは輻射率と呼ばれる。

(3) Relationship between emissivity and absorptivity (Kirchhoff's law)

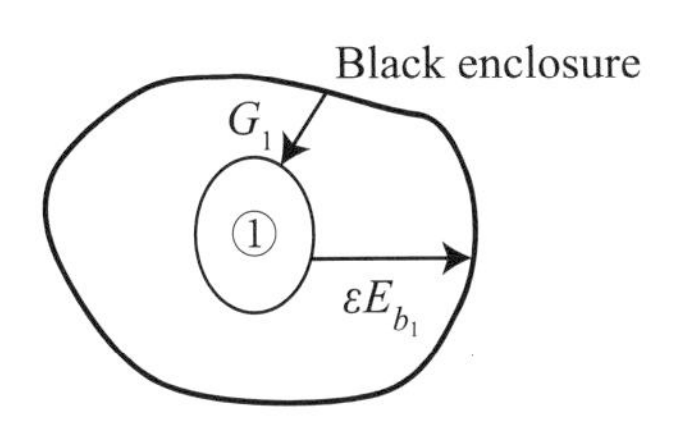

In the above system

左図のような系において、黒色筐体と物体①とは熱的平衡にあり、また同じ温度であるとする。黒色筐体から発せられたG_1の輻射エネルギーが物体①により受け取られ、αG_1が吸収され、さらにεE_{b_1}のエネルギーが放散される場合、Eq.5-9が成り立つ。
①が黒体の場合E_{b_1}=G_1となる。
このように、物体が他の黒体と熱平衡にある場合、α=εとなるが、これはKirchhoffの法則として知られている。

Radiant energy received by ① $= G_1$

Radiant energy absorbed by ① $= \alpha G_1$

Radiant energy emitted by ① $= E_{b_1} \rightarrow \sigma T_1^4$

When the objects are at thermal equilibrium and object/enclosure are at the same temperature,

$$\varepsilon E_{b_1} = \alpha G_1 \qquad (5\text{-}9)$$

〈Note〉

For a blackbody in the enclosure it can be similarly proved that $E_{b_1} = G_1$ if ① is also black.

Hence if a real subject is in thermal equilibrium with another blackbody,

$$\alpha = \varepsilon \qquad (5\text{-}10)$$

⟶ Kirchhoff's law

1.2 Monochromatic emissive power

(1) Monochromatic emissive power in case of blackbody

Stefan-Boltzmann law $E = \sigma T^4$ gives the total emissive power over the entire spectrum of wavelength.

Stefan-Boltzmannの法則に基づく輻射エネルギーは全波長域の輻射エネルギーを指す。

Eq.5-11は全波長にわたる輻射エネルギーを示しているが、波長λ_1からλ_2の間の輻射エネルギーは以下のようにして求められる。

$$\int_0^{\lambda_2} E_{b_\lambda}(T)d\lambda - \int_0^{\lambda_1} E_{b_\lambda}(T)d\lambda$$
$$= E_b(0 \rightarrow \lambda_2 T) - E_b(0 \rightarrow \lambda_1 T)$$

ここで $\dfrac{E_b(0 \rightarrow \lambda T)}{\sigma T^4}$ は λT の関数でありTable A-10（Appendix参照）で与えられる。

例えば、透過係数τを持つ物質の波長λ_1からλ_2間における透過係数τ_λは以下のように求められる。

$$\tau_\lambda = \frac{\tau \int_{\lambda_1}^{\lambda_2} E_{b_\lambda}(T)d\lambda}{\sigma T^4}$$

$\lambda_2 T$、$\lambda_1 T$を計算し、換算表より

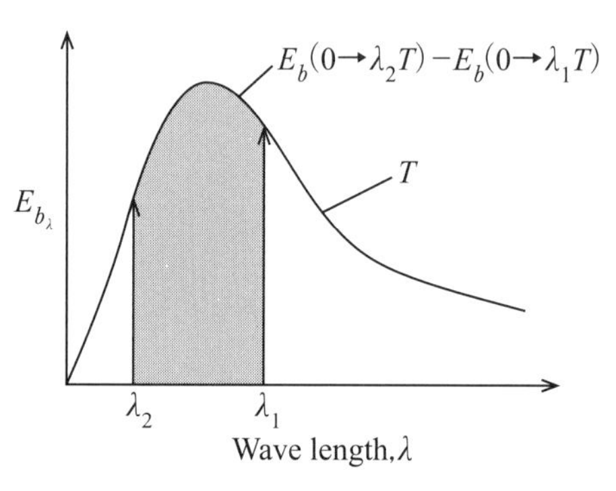

Fig. 5-3 Relationship between the wavelength λ and the monochromatic emissive power E_{b_λ} of blackbody.

$$E = \int_0^{\infty} E_{b_\lambda} d\lambda = \sigma T^4 \quad \text{(blackbody)} \qquad (5\text{-}11)$$

On the other hand the monochromatic emissive energy of blackbody E_{b_λ} is obtained by integrating over the wave range from λ_1 to λ_2 as shown in Fig. 5-3.

Max Planck derived E_{b_λ} as a function of the wavelength and temperature.

$$E_{b_\lambda}=\frac{C_1\lambda^{-5}}{e^{c_2/\lambda T}-1} \tag{5-12}$$

E_{b_λ} =monochromatic emissive power; (kW/μm)

λ =wavelength (μm)

T =absolute temperature (°R, K)

C_1 $=1.1870\times10^8$ (Btu μm^4/ft^{2}hr)

$=3.743\times10^8$ (Wμm^4/m^2)

C_2 $=2.5896\times10^4$ (μm°R)

$=1.4387\times10^4$ (μmK)

$\frac{E_b(0\to\lambda_2 T)}{\sigma T^4}$、$\frac{E_b(0\to\lambda_1 T)}{\sigma T^4}$を求めて$\tau_\lambda$を得る。

Max PlanckはE_{b_λ}についてEq.5-12のように波長と温度の関数であることを示した。

Fig.5-4 は種々の温度における黒体の輻射パワーと波数の関係を表したものである。

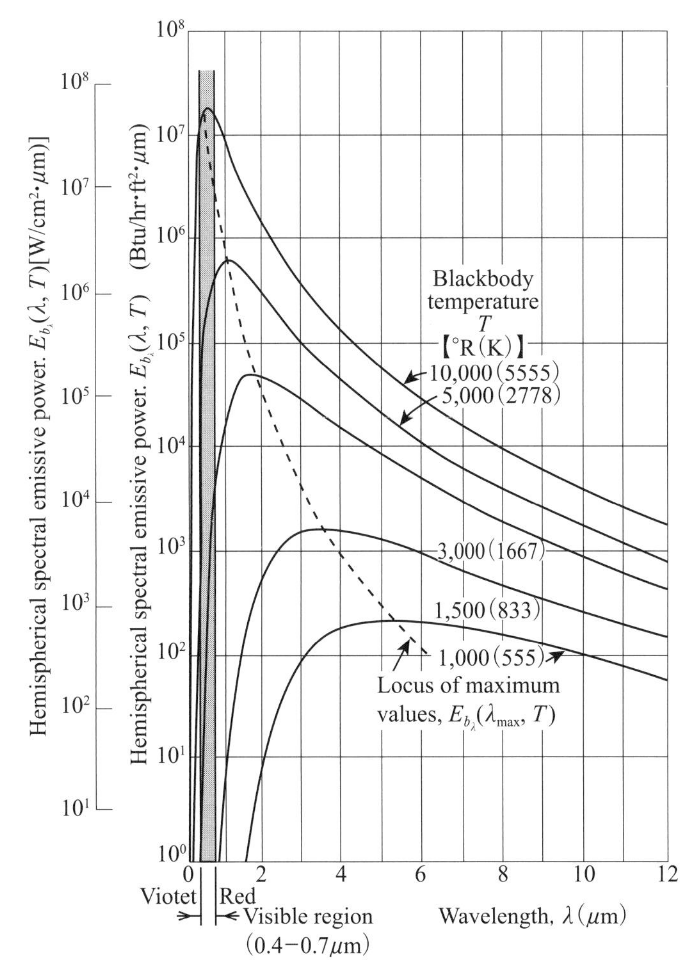

Fig. 5-4 Spectral distribution of blackbody emissive power at various temperature.

ここで$\left.\frac{dE_{b_\lambda}}{d\lambda}\right|_{T_{const}}=0$はそれぞれの温度において$E_{b_\lambda}$が最大値となる波長を示すもので、特性曲線のピークはEq.5-13で示される(Weinの法則)。

Fig. 5-4 shows the spectral distribution of blackbody emissive power at various temperature.

$\left.\frac{dE_{b_\lambda}}{d\lambda}\right|_{T_{const}}=0$ gives that the specific wave length which gives the $E_{b_{\lambda max}}$.

Following relationship showing the locus of the peak, which is known as Weins displacement law.

$$\lambda_{max}T=5215.6\ \mu\text{m}^{\circ}\text{R} \tag{5-13}$$

(2) Monochromatic radiation properties of non-black surfaces

Earlier we introduced the general concept of α, ε, ρ, τ to illustrate the point that most bodies in nature are non black and they absorb, emit, reflect and transmit energy in proportions different to that of a blackbody.

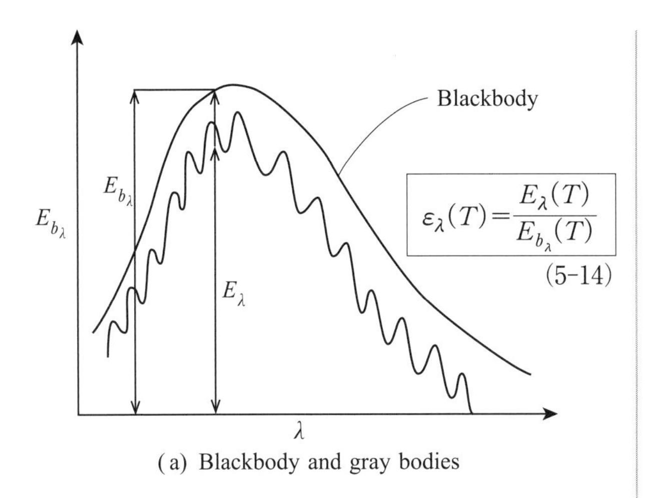

(a) Blackbody and gray bodies

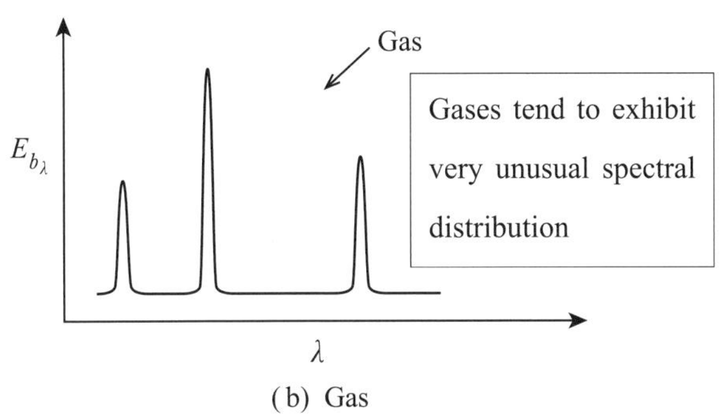

(b) Gas

Fig. 5-5 Monochromatic emissivity of several materials; (a) Black and gray bodies, (b) Gas.

黒体の輻射エネルギーには波長依存性がある。

気体では、特定の波長でのピークが存在する。

Total hemispherical emittance $\varepsilon(T)$

$$\varepsilon(T)=\frac{E(T)}{E_b(T)}=\frac{\int_0^\infty \varepsilon_\lambda(\lambda)E_{b_\lambda}(\lambda,T)d\lambda}{\int_0^\infty E_{b_\lambda}(\lambda,T)d\lambda} \tag{5-15}$$

Total hemispherical emittance is temperature dependent.
But monochromatic emissivity is wavelength dependent.
In case of the gray body

全半球輻射率は温度依存性がある一方、単色輻射率はFig.5-5(a)に示すような複雑な波長依存性がある。
しかし簡易計算で灰体を取り扱う場合は左図のように黒体の分布曲線を相対的に数10%程度低下させたことにして見つもっている。一般に用いる輻射率は波長依存性が無いことに注意しておく必要がある。

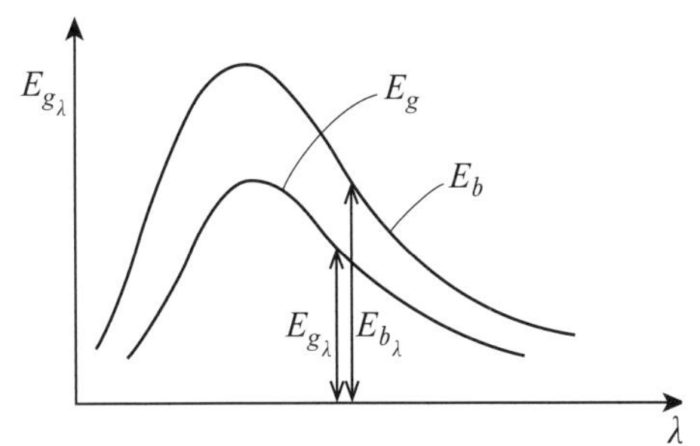

$\frac{E_{g_\lambda}}{E_{b_\lambda}}=\varepsilon$: Emissivity is constant and independent of wavelength.

種々の金属の、種々の表面状態における放射率εは、Fig. A-11を参照の事。

$$(E_g = \varepsilon\sigma T^4 = \varepsilon E_b) \tag{5-16}$$

2. Radiation Shape Factors and Radiant Heat Exchange between Different Surfaces and Media

2.1 Radiation intensity and emission power

Fig. 5-6 に示すように黒体面dA_1とdA_2間の輻射熱交換を考える。(θ：天頂角)

If we wish to evaluate the radiant energy emitted by a body in any particular direction we must introduce the concept of intensity.

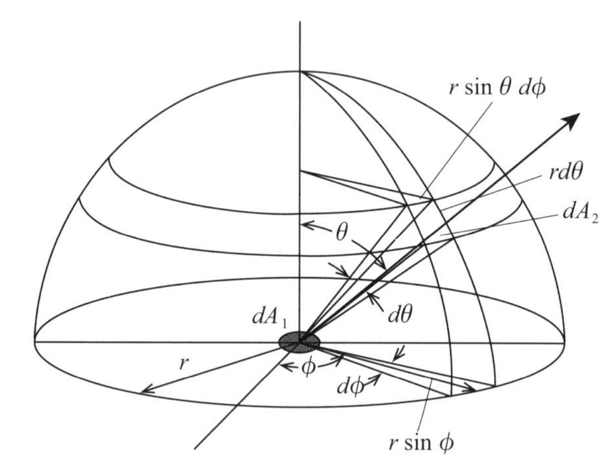

Fig. 5-6 Nomenclature used to determine the solid angle subtended by hemisphere.

A_1を出てA_2に到着する輻射強度Iは、所定の方向に、ソリッドアングル当り、および面積A_1当りに移動する輻射エネルギーである。
Eq. 5-17に示すように、輻射の熱流束は輻射強度にソリッドアングル$\frac{dA_2}{r^2}$、さらに輻射方向に垂直な方向に投影された面積A_1($dA_1 \cos\theta$)を乗じたものである。

The intensity of radiation I leaving dA_1 and arriving at dA_2 appeared in Fig. 5-6 is defined as follows.
"It is the radiant energy transferred in a particular direction per unit solid angle and, per unit area dA_1 or a plane projected normal to the direction of transfer".
Solid angle subtended at a point by a hemisphere is 2π steradians.

$$dq_{1-2} = I \times \text{solid angle} \times \tag{5-17}$$

$$\text{area projected nomal to direction of transfer}$$

$$= I \times \frac{dA_2}{r^2} \times dA_1 \cos\theta \tag{5-18}$$

Therefore the intensity of radiation I is,

$$\boxed{I=\frac{d\dot{q}_{1-2}}{dA_1\cos\theta\frac{dA_2}{r^2}}} \qquad \left(\frac{2\pi r^2}{r^2}=2\pi\right) \tag{5-19}$$

これらより輻射強度IはEq.5-19 のように表される。
Fig.5-6 のような半球の場合のソリッドアングルは2π となる。

$$\frac{2\pi r^2}{r^2}=2\pi(sr)$$

We will remind that

$$E=\sigma T^4 \sim \text{heat flux}=\frac{\dot{q}}{A}\frac{\text{kW}}{\text{m}^2} \tag{5-20}$$

For the little area dA_1,

$$\frac{d\dot{q}_{1-2}}{dA_1}=E=\int_{A_2} I\cos\theta\frac{dA_2}{r^2} \tag{5-21}$$

From Fig.5-6 $\quad \dfrac{dA_2}{r^2}=\dfrac{r\sin\theta d\phi r d\theta}{r^2}$ (5-22)

ここで、dA_2はEq.5-22 から$r\sin\theta d\phi r d\theta$と求まる。

Finally

$$E_{total}=\int_0^{2\pi}\int_0^{\pi/2}\frac{I\cos\theta\, r\sin\theta d\phi r d\theta}{r^2} \tag{5-23}$$

$$E=I\int_0^{2\pi}d\phi\int_0^{\pi/2}\frac{r^2\sin\theta\cos\theta d\theta}{r^2}=I\pi \tag{5-24}$$

$$I=E/\pi=\sigma T^4/\pi \tag{5-25}$$

最終的にはEq.5-23に示すように輻射エネルギーEは、θを0～$\pi/2$、ϕを0～2πまで積分して得られる。
輻射強度Iと輻射エネルギーEの関係はEq.5-25のように表される。

2.2 Radiant exchange between black surfaces

Objectives :

To determine the net radiant heat exchange between two bodies A_1 and A_2 in Fig.5-7.

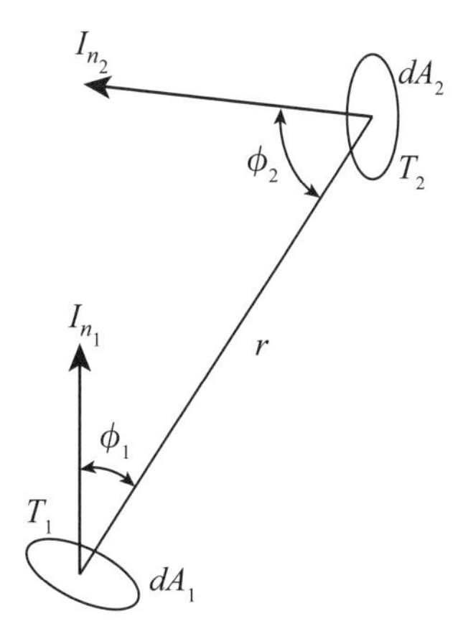

Fig. 5-7 Radiation between two blackbody surfaces.

黒体1から輻射エネルギーが放たれ①、黒体2に到着する②場合、①と②はEq.5-26のように表され、A_2は輻射の角度からϕ_2傾いているためEq.5-27が得られる。
ここで輻射強度と輻射エネルギーの関係はEq.5-28となるため熱流束はEq.5-29のようになる。
さらに$q_{1-All}=E_{b_1}A_1$であるため形状係数は、Eq.5-31およびEq.5-32のようになる。

これらより明らかに$A_1F_{1-2}=A_2F_{2-1}$の関係が成立する。

Shape factor F_{1-2} is a fraction of radiant energy ① leaving 1 and radiation energy ② arriving at 2.

Let's try to calculate F_{1-2} for the given arrangement.

$$①=E_1 \qquad ②=F_{1-2}E_1 \tag{5-26}$$

$$d\dot{q}_{1-2}=I_1\times dA_1\cos\phi_1\times\frac{dA_2\cos\phi_2}{r^2} \tag{5-27}$$

$$\text{because} \quad I_1=\frac{E_{b_1}}{\pi} \tag{5-28}$$

$$\dot{q}_{1-2}=\frac{E_{b_1}}{\pi}\int_{A_1}\int_{A_2}\frac{\cos\phi_1\cos\phi_2 dA_1dA_2}{r^2} \tag{5-29}$$

$$\text{since } q_{1-All}=E_{b_1}A_1 \tag{5-30}$$

$$\boxed{F_{1-2}=\frac{q_{1-2}}{q_{1-All}}=\frac{1}{\pi A_1}\int_{A_1}\int_{A_2}\frac{\cos\phi_1\cos\phi_2}{r^2}dA_1dA_2} \tag{5-31}$$

$$\boxed{F_{2-1}=\frac{1}{\pi A_2}\int_{A_1}\int_{A_2}\frac{\cos\phi_1\cos\phi_2 dA_1dA_2}{r^2}} \tag{5-32}$$

$$\boxed{A_1F_{1-2}=A_2F_{2-1}} \leftarrow \text{reciprocity relation} \tag{5-33}$$

物体1から物体2～Nへの輻射については、Fig.5-8のようになり、Eq.5-34の関係がある。

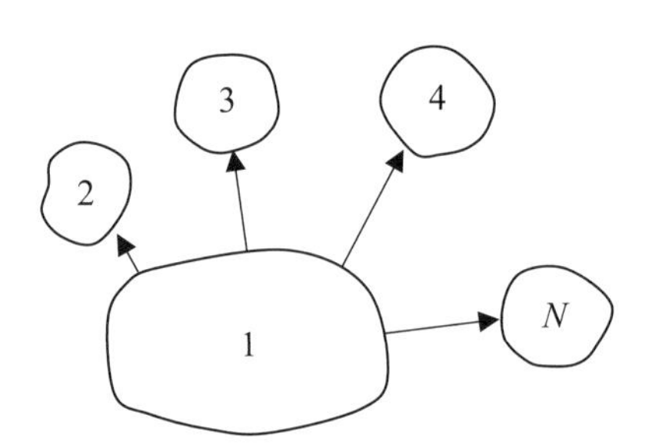

Fig. 5-8 Radiation from 1 to 2, 3, 4, ... and N.

On the other hand

$$q_1[F_{1-2}+F_{1-3}+F_{1-4}+\cdots F_{1-N}]=q_1 \tag{5-34}$$

because

$$\sum_{n=2}^{N}F_{1-n}=1 \tag{5-35}$$

Radiation leaving 1 and arriving at 2

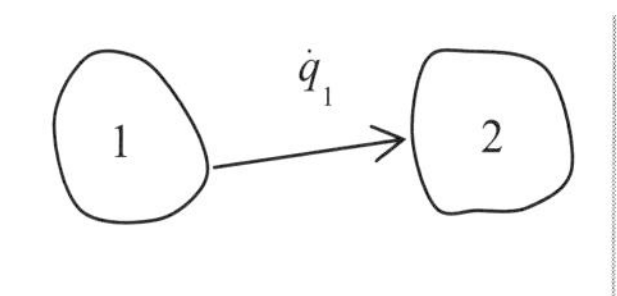

$$\dot{q}_1 = F_{1-2} A_1 E_{b_1} \quad (5\text{-}36)$$
$$= F_{1-2} A_1 \sigma T_1^4 \quad (5\text{-}37)$$

また、物体1から物体2に向かう輻射エネルギーはEq.5-36、Eq.5-37 のようになり、物体2から物体1に向かう輻射エネルギーはEq.5-38、5-39のようになる。したがって、物体1、2間の輻射エネルギーはEq.5-40のようになる。

similarly

$$\dot{q}_2 = F_{2-1} A_2 E_{b_2} \quad (5\text{-}38)$$
$$= F_{2-1} A_2 \sigma T_1^4 \quad (5\text{-}39)$$

therefore

$$\dot{q}_{1-2} = F_{1-2} A_1 E_{b_1} - F_{2-1} A_2 E_{b_2}$$
$$= A_1 F_{1-2} [E_{b_1} - E_{b_2}] \quad (5\text{-}40)$$
$$(A_1 F_{1-2} = A_2 F_{2-1}) \quad (5\text{-}41)$$

3. Electrical Network Analogy for Radiation

3.1 Network of blackbody

Analogy between radiation and electrical network

輻射における電気回路アナロジーについて、まず黒体の場合を取り上げて説明する。

$$i = \frac{\Delta V}{R} \quad (5\text{-}42)$$

$$i \sim \dot{q}_{1-2} \qquad \Delta V \sim E_{b_1} - E_{b_2}, \quad R \sim \frac{1}{A_1 F_{1-2}} \quad (5\text{-}43)$$

電流＝電圧/抵抗　に対して
熱流量……電流
電圧……放射エネルギー
電気抵抗……1/面積･形状係数

〈Note〉

Compare with conduction

$$i \sim \dot{q} \qquad \Delta V \sim T_1 - T_2 \qquad R \sim \frac{\Delta x}{kA} \quad (5\text{-}44)$$

〈注〉熱伝導では、
熱流量……電流
電圧……温度差
電気抵抗……距離/熱伝導率・面積

3.1.1 Thermal networks between two and three black surfaces

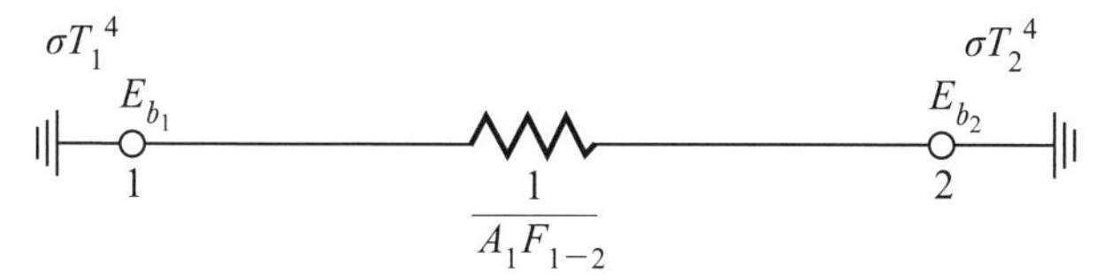

Fig. 5-9　Radiation between two black surfaces.

2つの輻射エネルギーの間に抵抗（面積×形状係数の逆数）がある。

Extending this concept to three blackbodies,

3つの輻射エネルギーの間に抵抗（面積×形状係数の逆数）がある。

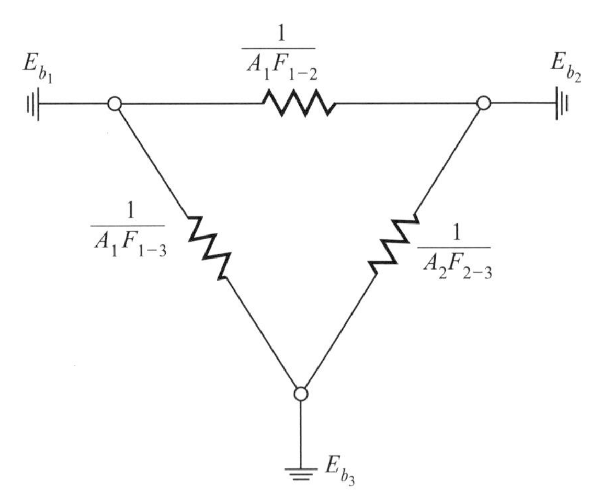

Fig. 5-10 Radiation between three black surfaces.

〈ケーススタディ 5-1〉ビレット加熱炉
Fig.5-11に示すような①フレーム、②ビレット、③耐火物からなる加熱炉を考える。

〈Case study 5-1〉 Furnace for heating billets

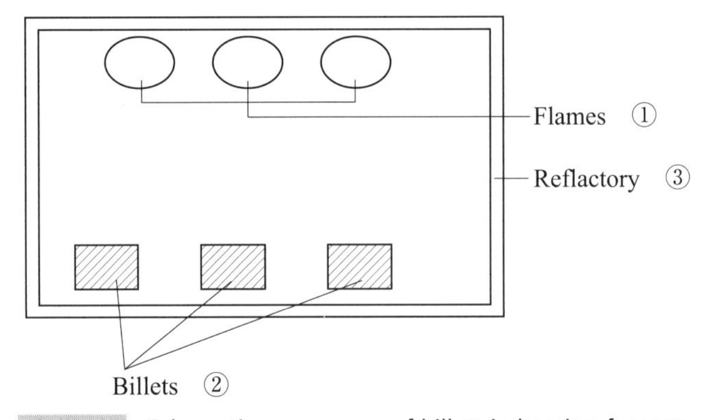

Fig. 5-11 Schematic appearance of billets in heating furnace.

ここでは再輻射表面（耐火物）の存在を考慮する必要がある。この再輻射表面は定常状態にあり、受けた輻射エネルギーを同時に輻射するものである。

In the above case we must consider the presence of re-radiating surfaces. Re-radiating surface is a surface that diffusely reflects and emits radiation at the same rate that it receives radiation *i.e.* these surfaces are at steady state.

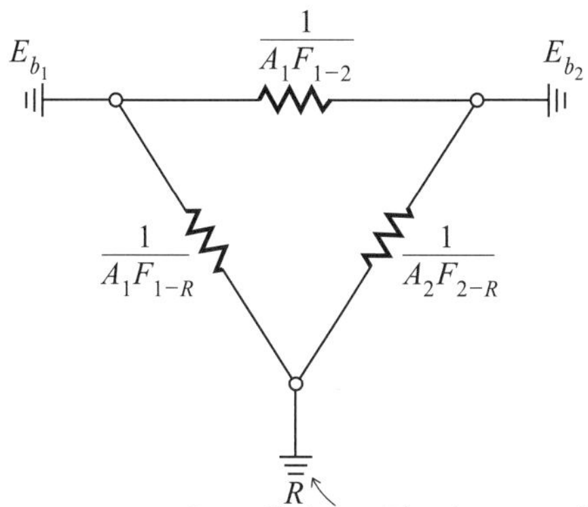

Fig. 5-12 Radiation in a billet heating furnace.

Fig.5-12はこのケースの熱移動に相当する回路を示している。ここでは耐火物をフローティングポテンシャルとして取り扱っている。
フレーム①とビレット②の間の熱移動はEq.5-45 のように表される。
もし耐火物が無い場合、①、②間の熱流束はEq.5-46のようになる。

Overall heat transfer between ① and ②.

$$\dot{q}_{1-2}=A_1(E_{b_1}-E_{b_2})\left\{F_{1-2}+\frac{1}{\dfrac{1}{F_{1-R}}+\dfrac{A_1}{A_2F_{2-R}}}\right\} \quad (5\text{-}45)$$

If no refractory,

$$\dot{q}_{1-2}=A_1F_{1-2}(E_{b_1}-E_{b_2}) \quad (5\text{-}46)$$

3.2 Network of gray body

Gray bodies are those which have wavelength independent monochromatic emissivity.

This is also idealization of real behavior most suitable for solids and non-polar gases.

Define a new quantity called "Radiosity" to account of the total radiation leaving a gray object.

灰体は波長に依存しない単色輻射体であり、種々の固体や非極性ガスが知られている。

つづいて、"Radiosity"と呼ばれる、灰体から放射されるすべての輻射を考慮した新しい量を導入する。

G
J
①

G=total incidents radiation W/m^2

J=total radiation leaving W/m^2

E=emissive power of object

$J=\varepsilon E_b+\rho G$ ρ: reflectivity (5-47)

$\varepsilon\sigma T^4=\varepsilon E_b$

G：全輻射エネルギー
J：①を離れる全輻射エネルギー
E：①の輻射パワー（ε輻射率、ρ反射率）
JはεE_bとρGの和となる。

calculate net difference $= J-G=\left(\dfrac{\dot{q}}{A}\right)_{net}$ (5-48)

substitute $G=\dfrac{J-\varepsilon E_b}{\rho}$ (5-49)

JとGの差が$\left(\dfrac{\dot{q}}{A}\right)_{net}$となる。
Gに関するEq.5-49を代入すると、熱流束はEq.5-50、 Eq.5-51となる。

物体が不透明な場合、$\tau=0$
すなわち$\alpha+\rho=1.0$、灰体の場合は$\alpha=\varepsilon$であり$\alpha=(\varepsilon=)1-\rho$であるためEq.5-51は灰体の場合、Eq.5-54となる。
(黒体の場合はEq.5-56)

$$\left(\frac{\dot{q}}{A}\right)_{net}=J-\frac{J-\varepsilon E_b}{\rho} \tag{5-50}$$

$$=-\frac{(1-\rho)}{\rho}J+\frac{\varepsilon E_b}{\rho} \tag{5-51}$$

If opaque $\alpha+\rho=1$ $\tau=0$ transmissivity (5-52)

If gray $\alpha=\varepsilon$ $\varepsilon=1-\rho$ (5-53)

$$\left(\frac{\dot{q}}{A}\right)_{net}=\frac{\varepsilon}{\rho}(E_b-J) \tag{5-54}$$

$$\dot{q}_{gray}=\frac{\varepsilon A}{\rho}(E_b-J) \tag{5-55}$$

$$\dot{q}_b=AE_b \tag{5-56}$$

Fig.5-13 に示すように灰体の表面熱抵抗は $\rho/\varepsilon A$、もしくは$(1-\varepsilon)/\varepsilon A$となる。

Gray body circuit element to account for emissivity and reflectivity at gray surface is,

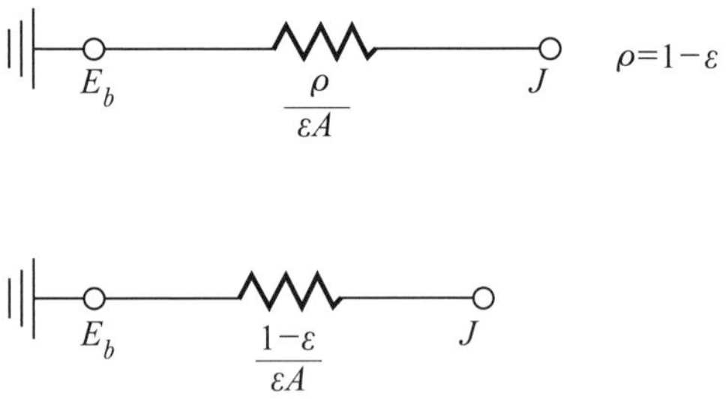

E_b — $\frac{\rho}{\varepsilon A}$ — J $\rho=1-\varepsilon$

E_b — $\frac{1-\varepsilon}{\varepsilon A}$ — J

Fig. 5-13 Surface resistance for a gray surface.

2つの灰体間の熱抵抗はFig.5-14 のように表される。

3.2.1 Heat exchanges between two and three gray bodies

So if we have two gray bodies exchanging heat.

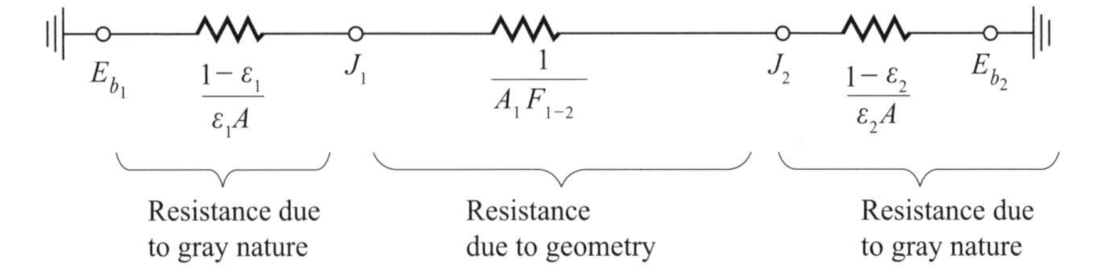

Fig. 5-14 Thermal circuit for two gray bodies forming an enclosure.

熱流量はEq.5-57のように示される。ここで $\mathcal{F}_{1-2}$は灰体形態係数と呼ばれ幾何学項と輻射係数から構成され、Eq.5-59で示される。

Circuit for two gray bodies it is possible to show that the net radiant interchange.

$$\dot{q}_{1-2}=\left[\frac{1}{\frac{\rho_1}{\varepsilon_1 A_1}+\frac{1}{A_1 F_{1-2}}+\frac{\rho_2}{\varepsilon_2 A_2}}\right](E_{b_1}-E_{b_2}) \qquad (5\text{-}57)$$

$$\dot{q}_{1-2}=\mathscr{F}_{1\text{-}2}A_1(E_{b_1}-E_{b_2}) \qquad (5\text{-}58)$$

Gray body view factor

$$\mathscr{F}_{1-2}=\frac{1}{\frac{\rho_1}{\varepsilon_1}+\frac{1}{F_{1-2}}+\frac{A_1\rho_2}{A_2\varepsilon_2}} \qquad (5\text{-}59)$$

(contains geometry terms and emissivity)

$$\dot{q}_{1-2}=F_{1-2}A_1(E_{b_1}-E_{b_2}) \qquad (5\text{-}60)$$

Blackbody view factor

(contains only geometry)

一方、黒体の場合の熱流束は、Eq.5-60で示されるが、ここでの形態係数は形状係数と同等である。

Heat exchange between three gray bodies is,

Fig.5-15 に 3 つの灰体間の輻射エネルギーと熱抵抗を示す。

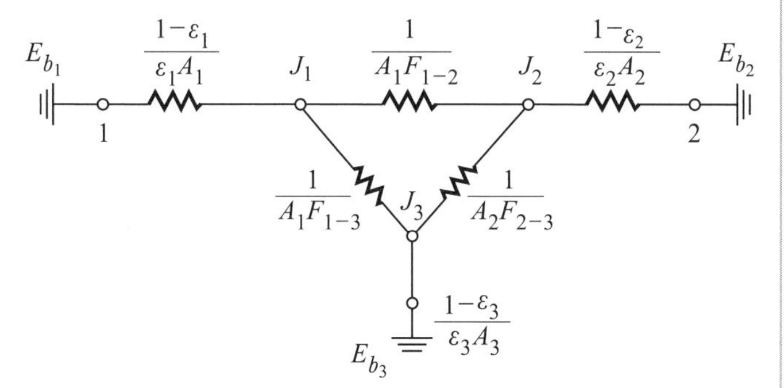

Fig. 5-15 Thermal circuit for three gray bodies.

3.2.2 Heat transfer between two parallel planes with a gray gas in between

灰色ガスを挟んだ 2 つの灰体平板間の熱移動

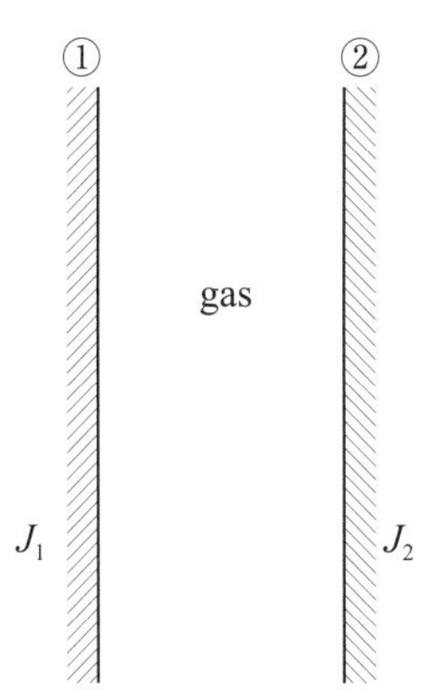

Fig. 5-16 Gray gas between two parallel planes.

Gray solid $\alpha=\varepsilon \quad \tau=0 \quad \alpha+\rho=1$ (opaque) (5-61)

Gray gas $\alpha=\varepsilon \quad \rho=0 \quad \alpha+\tau=1$ (5-62)

灰体平板①から②に輻射されるエネルギーはEq.5-63で、②から①に輻射されるエネルギーはEq.5-64で表される。(Kirchhoffの法則より$\alpha_g=\varepsilon_g$)

Radiant energy leaving ① and arriving ②

$$=J_1A_1F_{1-2}\tau_g \tag{5-63}$$

Radiant energy leaving ② and arriving ①

$$=J_2A_2F_{2-1}\tau_g,\ \tau_g=1-\alpha_g=1-\varepsilon_g \tag{5-64}$$

$$\Delta\dot{q}=A_1F_{1-2}\tau_g(J_1-J_2)=A_1F_{1-2}(1-\varepsilon_g)(J_1-J_2) \tag{5-65}$$

Fig.5-17に回路図を示す。

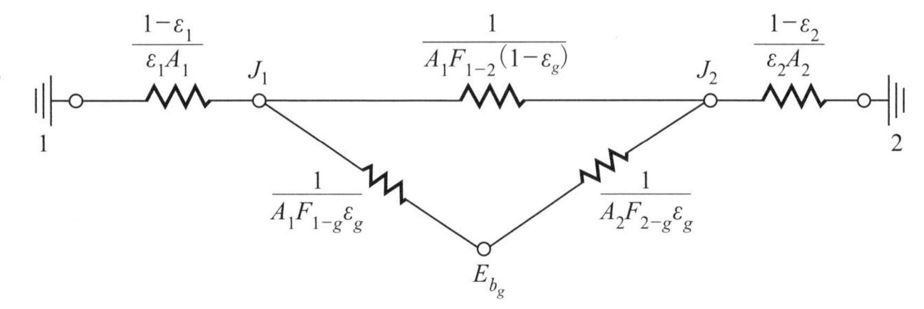

Fig. 5-17 Thermal circuit for two gray parallel planes with gray gas.

灰色ガスにより輻射されるエネルギーはEq.5-66になる。

したがってこのガスと①との輻射エネルギーはEq.5-67、①とガス間の輻射エネルギーはEq.5-68、69。
ガスから②への輻射による熱移動はEq.5-70、②からガスへの熱移動はEq.5-71のようになる。

Consider the radiant energy emitted by the gas

$$J_g=\varepsilon_gE_{b_g} \tag{5-66}$$

Radiant heat transfer between gas →① ; $A_gF_{g-1}J_g\varepsilon_g$ (5-67)

Radiant heat transfer between ①→ gas ; $A_1F_{1-g}\alpha_gJ_1$ (5-68)

$(A_1F_{1-g}\varepsilon_gJ_1)$ (5-69)

gas →② $A_gF_{g-2}\varepsilon_gE_{b_g}$ (5-70)

② →gas $A_2F_{2-g}\varepsilon_gJ_2$ (5-71)

このようにして全輻射ロスは、Eq.5-72のように求められる。
以上示したように灰色ガスは再輻射する物質と似た挙動を示す。

Net radiant heat loss by the gas

$$=A_gF_{g\text{-}1}E_{b_g}\varepsilon_g-A_1F_{1-2}\varepsilon_gJ_1+A_gF_{g-2}\varepsilon_gE_{b_g}-A_2F_{2-g}\varepsilon_gJ_2 \tag{5-72}$$

$$=\boxed{A_1F_{1-g}\varepsilon_g(E_{b_g}-J_1)+A_2F_{2-g}\varepsilon_g(E_{b_g}-J_2)} \tag{5-73}$$

Gas behaves somewhat like a reradiating object and attains a steady state with a floating potential.

〈Case study 5-2〉 Effect of gray gas between two large parallel planes on the radiation

〈ケーススタディー 5-2〉 2 枚の灰体平板間に灰色ガスがある場合と無い場合の熱移動の差

Two large parallel planes separated by a gray gas. (compare the heat transfer with and without the gas)

灰色ガスが存在する場合、Fig.5-17の回路が成立する。

$T_1=800\,\mathrm{K}$	$\varepsilon_1=0.3$	$T_2=400\,\mathrm{K}$
	$\varepsilon_2=0.7$	$\tau_g=0.8$
$A_1=A_2=A,$	$F_{1\text{-}2}=1$	

Calculate heat exchange per unit area.

$$\frac{1-\varepsilon_1}{\varepsilon_1}=\frac{0.7}{0.3}=2.333 \quad (5\text{-}74), \qquad \frac{1-\varepsilon_2}{\varepsilon_2}=\frac{0.3}{0.7}=0.4286 \quad (5\text{-}75)$$

$$\frac{1}{1-\varepsilon_g}=\frac{1}{1-0.2}=1.25 \quad (5\text{-}76), \qquad \frac{1}{\varepsilon_g}=\frac{1}{0.2}=5.0 \quad (5\text{-}77)$$

面①の表面抵抗は2.333/A、面②の表面抵抗は0.4286/Aとなる。
また、Fig.5-17 における中央三角回路の抵抗は1.111/Aとなる。

$\alpha_g+\tau_g=1$ (5-78), $\alpha_g=\varepsilon_g$ (5-79) ~Kirchhoff's law

R of center $\dfrac{1}{1/1.25+\left(\dfrac{1}{5.0+5.0}\right)}=1.111$ (5-80)

$E_{b_1}=\sigma T_1{}^4=23{,}200\ \mathrm{W/m^2}$ (5-81)

$E_{b_2}=\sigma T_2{}^4=1{,}451\ \mathrm{W/m^2}$ (5-82)

$$\frac{q}{A}=\frac{23{,}200-1{,}451}{2.333+1.111+0.4286}=5{,}616\ \mathrm{W/m^2} \quad (5\text{-}83)$$

Eq.5-83のように灰色ガスを介する場合の熱流束は5,616 W/m^{2}と求まる。

Without gas

ガスが無い場合は、回路は左記のFig.5-14と同様であり、熱流速は5,782W/m^{2}となる。

E_{b_1} — $\dfrac{1-\varepsilon_1}{\varepsilon_1 A_1}$ — J_1 — $\dfrac{1}{A_1F_{1-2}}$ — J_2 — $\dfrac{1-\varepsilon_2}{\varepsilon_2 A_2}$ — E_{b_2}

(same as Fig.14)

$$\frac{\dot{q}}{A}=\frac{23{,}200-1451}{2.333+1+0.4286}=5{,}782\ \mathrm{W/m^2} \quad (5\text{-}84)$$

$$\underline{T_g=592\mathrm{K}} \quad (5\text{-}85)$$

また、回路の抵抗および熱流束より、灰色ガスの温度は592Kと求まる。

〈Case study 5-3〉 Effect of thin Al plate in the gap between two large plates

〈ケーススタディー 5-3〉 2 枚の灰体平板の間隙に薄いアルミニウム板を装入した際の熱流束の減少

Determine the reduction in radiant heat transfer between two infinite and parallel refractory walls when a thin plate of aluminum is placed between them. Assume that all surfaces are gray; the emissivity of the walls is 0.8 and the emissivity of the aluminum is 0.2.

アルミニウム板を挿入しない場合の熱流束はFig.5-14 の場合と同様である。
ε_1、ε_2共に0.8であり、抵抗は1.5/Aとなる。

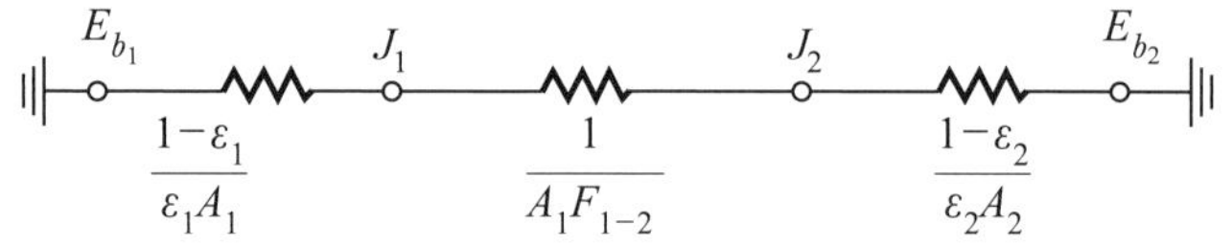

E_{b_1} — $\frac{1-\varepsilon_1}{\varepsilon_1 A_1}$ — J_1 — $\frac{1}{A_1 F_{1-2}}$ — J_2 — $\frac{1-\varepsilon_2}{\varepsilon_2 A_2}$ — E_{b_2}

(same as Fig.14)

$$\dot{q}_{1-2}=\frac{E_{b_1}-E_{b_2}}{\frac{1-\varepsilon_1}{\varepsilon_1 A}+\frac{1}{A_1 F_{1-2}}+\frac{1-\varepsilon_1}{\varepsilon_2 A_2}},\quad A_1=A_2=A,\quad F_{1\text{-}2}=1 \tag{5-86}$$

$$\therefore \frac{\dot{q}_{1-2}}{A}=\frac{E_{b_1}-E_{b_2}}{\frac{1-\varepsilon_1}{\varepsilon_1}+1+\frac{1-\varepsilon_1}{\varepsilon_2}} \tag{5-87}$$

一方、アルミニウムを挿入した場合の回路はFig.5-18 のようになる。

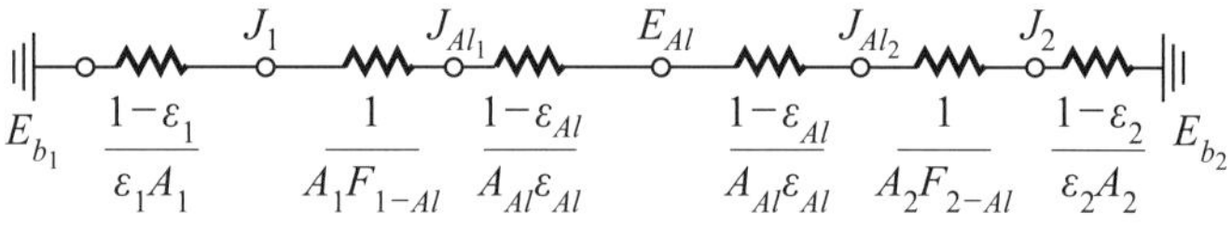

E_{b_1} — $\frac{1-\varepsilon_1}{\varepsilon_1 A_1}$ — J_1 — $\frac{1}{A_1 F_{1-Al}}$ — J_{Al_1} — $\frac{1-\varepsilon_{Al}}{A_{Al}\varepsilon_{Al}}$ — E_{Al} — $\frac{1-\varepsilon_{Al}}{A_{Al}\varepsilon_{Al}}$ — J_{Al_2} — $\frac{1}{A_2 F_{2-Al}}$ — J_2 — $\frac{1-\varepsilon_2}{\varepsilon_2 A_2}$ — E_{b_2}

Fig. 5-18 Thermal circuit for two parallel refractories when a thin plate of Al in places between them.

この回路の抵抗はEq.5-88のようになり、10.5/Aと求まる。
アルミニウムのε_{Al}は0.2、伝熱抵抗が無視できるとして、抵抗は7倍となり、熱流束はアルミニウムを装入しない場合に比べ、1/7になると推算される。

$$\Sigma \mathrm{R}=\frac{1-\varepsilon_1}{\varepsilon_1 A}+\frac{1}{A_1 F_{1-Al}}+\frac{1-\varepsilon_{Al}}{A_{Al}\varepsilon_{Al}}+\frac{1-\varepsilon_{Al}}{A_{Al}\varepsilon_{Al}}+\frac{1}{A_2 F_{2-Al}}+\frac{1-\varepsilon_2}{\varepsilon_2 A_2} \tag{5-88}$$

$$\left(\frac{\dot{q}}{A}\right)_{Al}=\frac{E_{b_1}-E_{b_2}}{\Sigma R} \tag{5-89}$$

〈ケーススタディー 5-4〉加熱炉による合金板の加熱

〈Case study 5-4〉 Radiation in the furnace with gray gas for heating plate

A furnace designed to heat alloy plate is shown in Fig. 5-19. The radiant tubes are at a temperature of 1,000℃ and have an emissivity of 0.9 while the floor of the furnace is maintained at 500℃ and has an emissivity of 0.6. The furnace gases are gray and have an effective emissivity of 0.27. Calculate the equilibrium temperature of the alloy plate if it behaves as a blackbody. Neglect radiant interchange with the side walls.

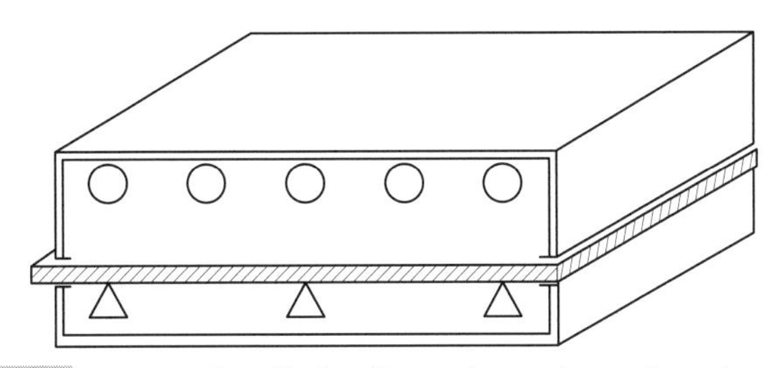

Fig. 5-19　Furnace installed radiant tubes to heat alloy plate.

この問題をFig.5-20(上図)のように整理する。①ラジアントチューブ、②下部加熱炉床、③合金板、④上部加熱炉ガス、⑤下部加熱炉ガスである。
これを、回路にまとめると、Fig.5-20(下図)のようになる。
E_{b_1}をラジアントチューブ、E_{b_2}を下部加熱炉、E_pを合金板の輻射ポテンシャルとする。さらにラジアントチューブ、下部加熱炉床、灰色ガスそれぞれの輻射率をε_1、ε_2、ε_{g_4}とする。

1,000℃

①

gas④

③

⑤

②

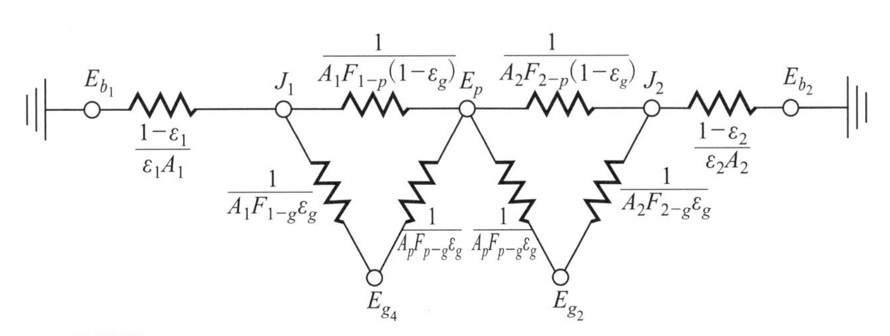

Fig. 5-20　Thermal circuit for the furnace with radiant tubes and alloy plate.

〈Step 1〉

Calculate overall resistance between ① and ②.

〈Step 2〉

Calculate the potential at $E_p=\sigma T_p^4$.

(all view factors F_{i-j} are equal to 1)

〈ステップ1〉①と②の間の抵抗を計算する。

〈ステップ2〉E_pを求め、それより合金版の温度T_pを算出する。

〈Case study 5-5〉

25ton of molten steel at 1,650℃ is held in a ladle as shown in Fig. 5-21. The emissivity of the steel surface is 0.4 and the view factor with respect to the ambient surrounding is 0.35. The side walls of the ladle are of refractory and have a

〈ケーススタディー 5-5〉レードル中の溶鋼の輻射に伴う温度低下の推算

view factor with respect to the surrounding of 0.25. The view factor of the steel surface with respect to the refractory walls is 0.16. Draw an electrical network for the problem and calculate the temperature drop per min for the steel due to radiant heat loss. Calculate the temperature of the refractory walls.

Temperature of surroundings =30 ℃

Specific heat of steel =0.4 kJ/kg℃

Fig.5-21に示すレードル中に保持された溶鋼表面（輻射率0.4、外気に対しての形態係数0.35、耐火物壁に対する形態係数0.16）から外気、レードル耐火物（外気に対する形態係数0.25）に輻射によって熱が移動する。
外気温度は30℃、溶鋼の比熱は0.4kJ/kg℃、溶鋼の温度は1,650℃、溶鋼重量25tonとする。

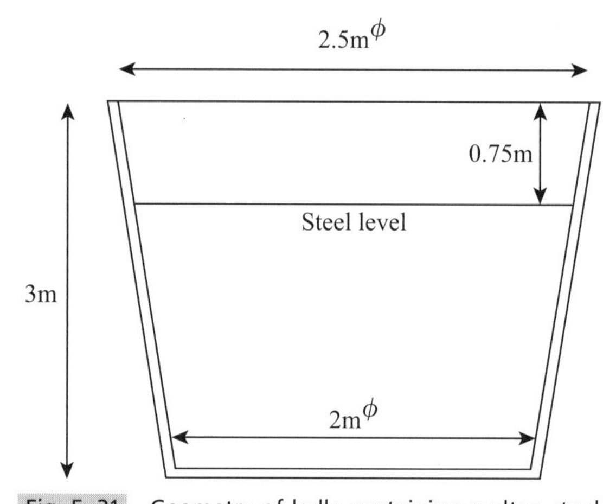

Fig. 5-21 Geometry of ladle containing molten steel.

E_{b_1}、E_R、E_{b_2}はそれぞれ溶鋼、耐火物壁、大気の輻射エネルギーとする。またεは溶鋼の輻射率、A_Sをレードル内の溶鋼の表面積、A_Rを溶鋼表面より上のレードル耐火物の面積、$F_{S\text{-}R}$、$F_{S\text{-}a}$、$F_{R\text{-}a}$を溶鋼表面から耐火物への、溶鋼表面から大気への、耐火物壁面から大気への形態係数とすると回路はFig.5-22のようになる。

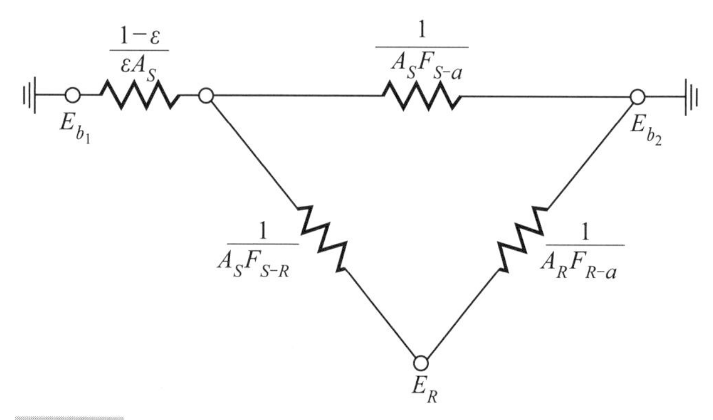

Fig. 5-22 Thermal circuit for the ladle with a radiant heat loss.

$$\dot{q}=\frac{E_{b_1}-E_{b_2}}{\Sigma R_{eq}}=\frac{(\sigma T_s{}^4-\sigma T_a{}^4)}{0.833}$$
$$=\frac{5.67\times10^{-8}}{1000}\left[\frac{(1923)^4-(303)^4}{0.833}\right]$$
$$=931\ \text{kW} \quad (5\text{-}90)$$

回路の全抵抗を求めることによって溶鋼から大気に向かう全熱流束はEq.5-90のようになる。

$$\dot{q}=mC_p\frac{dT}{dt} \quad (5\text{-}91)$$

$$25\times1000\times0.4\times\frac{dT}{dt}=931 \quad (5\text{-}92)$$

$$\frac{dT}{dt}=5.59℃/\text{min} \quad (5\text{-}93)$$

一方、溶鋼の温度低下はEq.5-91, 92, 93のように求めることができる。

3.3 Radiation combined with convection and conduction

Pseudo-radiation heat transfer coefficient

$$h_r=\mathcal{F}_{1-2}\,\sigma\frac{(T_1{}^4-T_2{}^4)}{(T_1-T_2)} \quad (5\text{-}94)$$

We have to use a pseudo-radiation heat transfer coefficient since we cannot combine radiations and convection / conduction circuit.

最後に対流と伝導とが組み合わさった輻射の問題について説明する。
まず、輻射熱伝達を対流熱伝達と伝導熱伝達と組み合わせて解析するためにはEq.5-94に示すような、疑輻射熱伝達係数を導入する必要がある。

〈Case study 5-6〉 Gas temperature measurements with bare thermocouples

〈ケーススタディー 5-6〉被覆なしの熱電対によるガス温度の測定

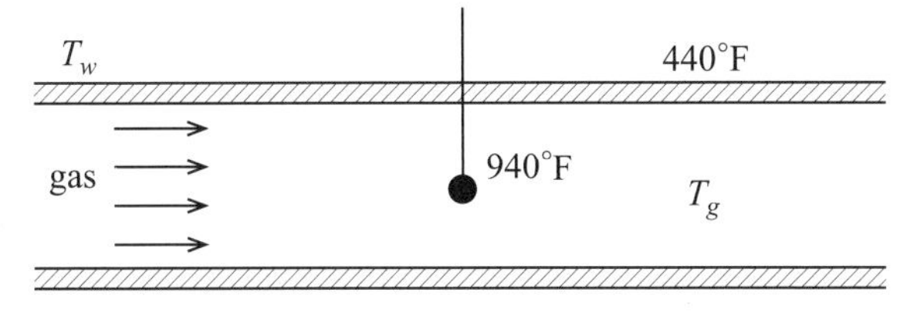

Fig. 5-23 Error at measuring gas temperature with thermocouples.

Fig.5-23 に示すように、管内を一定の速度で流れるガスの温度を熱電対で測定する際の輻射による誤差を考える。

Consider thermocouples with an emissivity of 0.8 sitting in a transparent gas in a large duct whose walls are at 440°F. Thermocouple reads 940°F. If $\bar{h}_c=25\ \frac{\text{Btu}}{\text{hr·ft}^2\text{°F}}$, what is the true temperature.

At steady state,

熱電対の輻射率を0.8とする。440°Fのダクト内を透明なガスが流れている。この熱電対による測定値は940°Fを示した。ここで平均熱伝達係数を25(Btu/hr·ft^2°F)とした場合、真のガス温度を推定する。
Eq.5-95に示すように、流動によって熱電対に入る熱流束と輻射によって出ていく熱流束が等しいと仮定する。
ここにT_gは1,116°Fと推定されるが、計測値とは176°Fと、大きな乖離がある。このような場合、熱電対の周囲に耐火物（被覆材）を使用するなどして解決することができる。

Rate of heat flow into thermocouples by convection

= Rate of heat flow out by radiant

$$\overline{h}_c A_t (T_g - T_t) = \sigma \varepsilon_t A_t (T_t^4 - T_W^4) \tag{5-95}$$

$$T_g = \frac{\sigma \varepsilon_t (T_t^4 - T_W^4)}{\overline{h_c}} + T_t \tag{5-96}$$

$$= \frac{0.1714(0.8)}{25}\left[\left(\frac{1,400}{100}\right)^4 - \left(\frac{900}{100}\right)^4\right] + 940 = 1,116^\circ\text{F} \tag{5-97}$$

$T_g - T_t = 176^\circ$F large error

So use shielded thermocouples for gas temperature measurement.

Chapter VI
Heat Transfer with a Change of Phase

1. Heat Transfer at Boiling

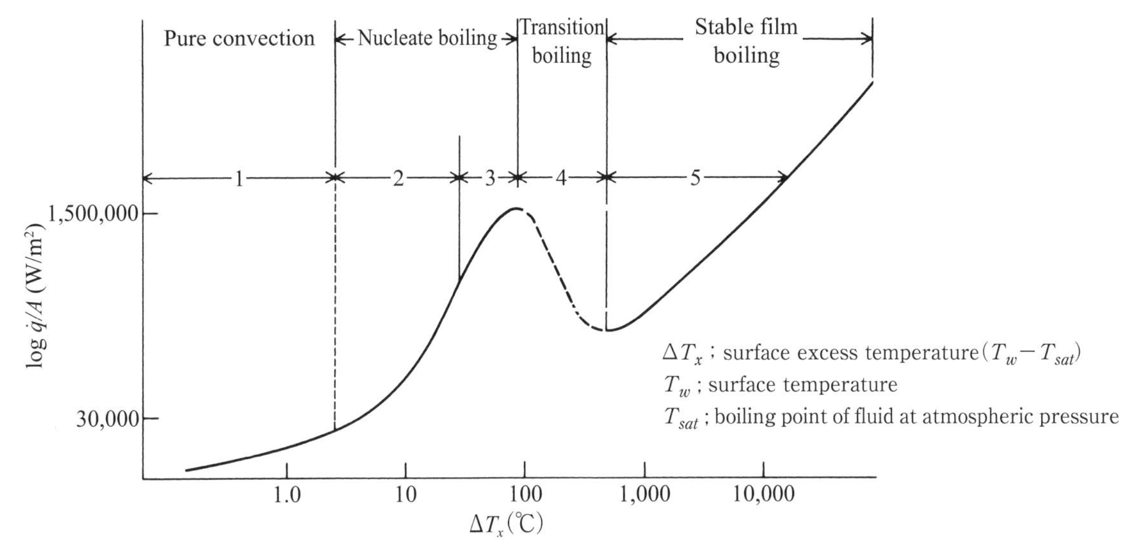

Fig. 6-1 Characteristic boiling curve.

表面過剰温度（液体の温度－液体の沸騰温度）の熱流束に及ぼす影響をFig.6-1に示す。

1) Natural convection ($T_w - T_{sat} < 4\text{~}5\,^\circ\mathrm{F}$)

Superheat liquid is transported by natural convection currents to the bulk of the liquid.

〔1〕自然対流域（$\Delta T < 4\sim5\,^\circ\mathrm{F}$）
表面の過熱された液体が自然対流によってバルクに輸送される。

2) Nucleate boiling I ($4\,^\circ\mathrm{F} < T_w - T_{sat} < 10\,^\circ\mathrm{F}$)

Vapour bubbles begin to form at preferred sites, but being small, and condense in the liquid.

〔2〕核沸騰領域($4 < \Delta T < 10\,^\circ\mathrm{F}$)
蒸気の気泡が発生し始める。気泡は小さく離脱せず個数は増加していく。

3) Nucleate boiling II ($10\,^\circ\mathrm{F} < T_w - T_{sat} < 70\,^\circ\mathrm{F}$)

Large bubbles, leave surface, cause good mixing.

High heat transfer.

〔3〕沸騰領域($10 < \Delta T < 70\,^\circ\mathrm{F}$)
大きな気泡が生成し始め、離脱していく。これが攪拌として働き、熱移動を促進する。

4) Unstable film ($70\,^\circ\mathrm{F} < T_w - T_{sat} < 400\,^\circ\mathrm{F}$)

Unstable film forms, insulates surface, heat flux drops off.

〔4〕不安定な膜沸騰領域($70 < \Delta T < 400\,^\circ\mathrm{F}$)
不安定なフィルム状沸騰膜が形成され、表面を部分的に覆うため熱流束は減衰する。

5) Stable film boiling, radiation ($T_w - T_{sat} > 400\,^\circ\mathrm{F}$)

Stable film firms heat fluxes increase as radiation comes into play.

〔5〕安定な膜沸騰および輻射領域($\Delta T > 400\,^\circ\mathrm{F}$)
安定したフィルム状沸騰膜が形成される

と共に、輻射が熱移動にかかわり始めることによって熱流束は再び増加していく。

［事例 1］
アルミニウムの半連続鋳造における水冷部位の沸騰伝熱

［Example 1］Cooling accompanied by boiling in a semi-continuous casting of Al

アルミニウムの連続鋳造（DC鋳造）では、溶融アルミは鋳型内に注入されるが、鋳片の表面品位を向上するために、鋳型直下に直接水をスプレーし冷却・凝固させる。アルミニウムはその良好な熱伝導のため、鋳型内のアルミニウムにも冷却が及ぶと共に、最終凝固位置も鋼の連続鋳造に比べ、はるかに浅い。

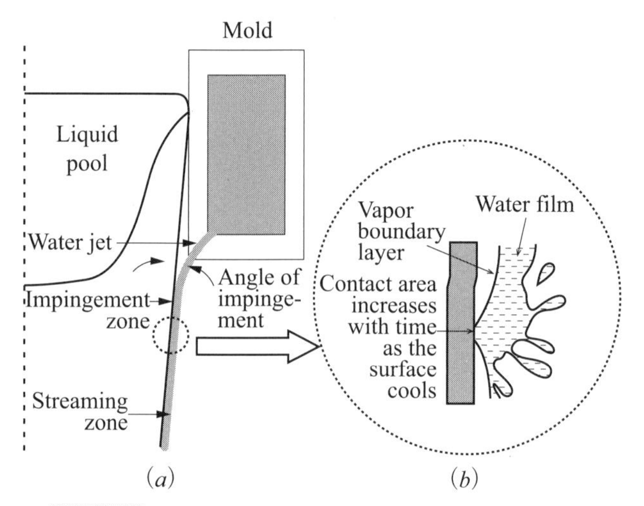

Fig. 6-2 Water cooling at DC casting of aluminum.[8)]

Fig.6-3 に示すように、アルミニウム表面における抜熱量（熱流束）の変化は Fig.6-1に示したものと同様の傾向を示す。なお、この図の横軸は鋳片表面の温度である。

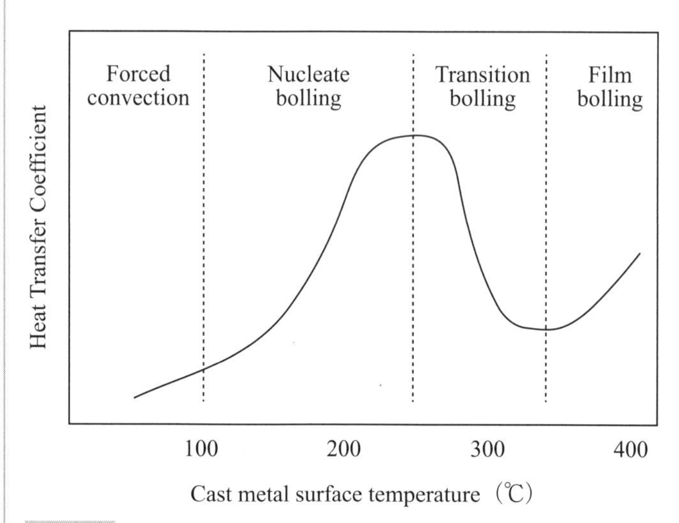

Fig. 6-3 Heat transfer coefficient and boiling regimes for water cooling as a function of cast metal surface temperature.

［事例 2］　メタルサンプルの急冷
領域Aではメタルサンプルは膜沸騰領域にあり、サンプル表面がフィルムに覆われ熱伝導の寄与は小さく、輻射によりわずかに抜熱されている。
領域Bの初期は遷移沸騰領域であり冷却

［Example 2］Quenching of metal

In quenching of a metal piece, the various regimes outlines above are operative in the reverse order.

Examine the temperature response of a plate quenched in water.

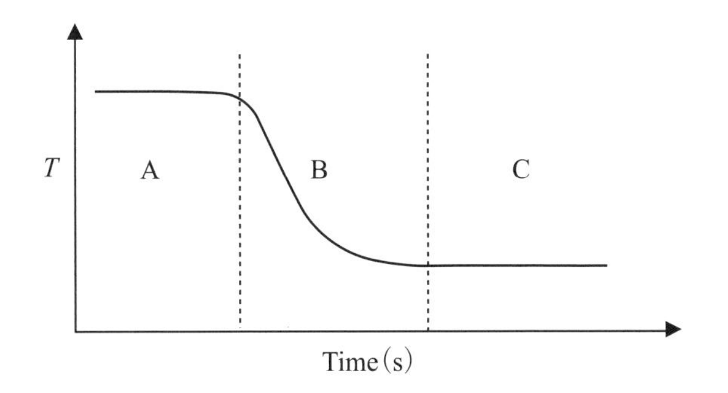

速度は増加し始める。
領域Bの中期から後期にわたっては核沸騰によって急速に冷却が進行する。
領域Cでは沸騰が停止して自然対流による穏やかな冷却に移行していく。

A: Stable film boiling depending on surface temperature radiation may or may not be significant.

B: Rapid transition through unstable film to nucleate boiling.

C: Natural convection.

One of the application is a design of a quench for a heat treatment operation.

このような冷却特性を応用して、冷却速度によるメタルサンプルの組織制御が行われている。
左図(CCT曲線)は異なる冷却媒体の使用によって冷却速度が変化(①→④)するに伴い目標とするメタルサンプルの組織を得ることができる。

～冷却媒体～
①：オイルまたは水
②：オイル
③：空冷
④：炉冷却

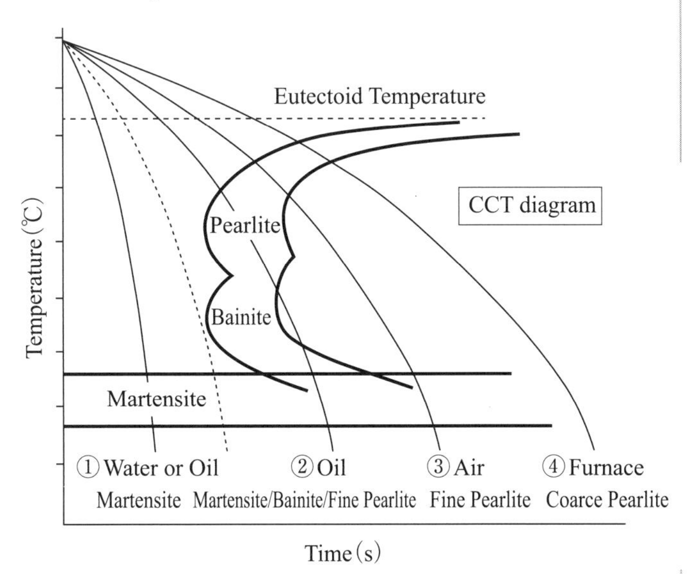

①, ②, ③, ④ are cooling curves – representing the temperature response of metallic part quenched in different media.

Depending on the quench heat transfer characteristics of the media, one may obtain the desired metallurgical structure.

(1)オイル冷却

Fig.6-4は3種類のオイルにおける熱伝達係数の温度依存性を示している。
300°Fから700°F、および1,150°Fから1,600°Fにおいては、熱伝達係数hは同等である。
一方、700°Fから1,150°Fの領域においては大きな違いがみられるが、これは核沸騰から遷移沸騰、膜沸騰の特性(挙動)に差があるためである。

(1) Oils as coolant: 3 oils

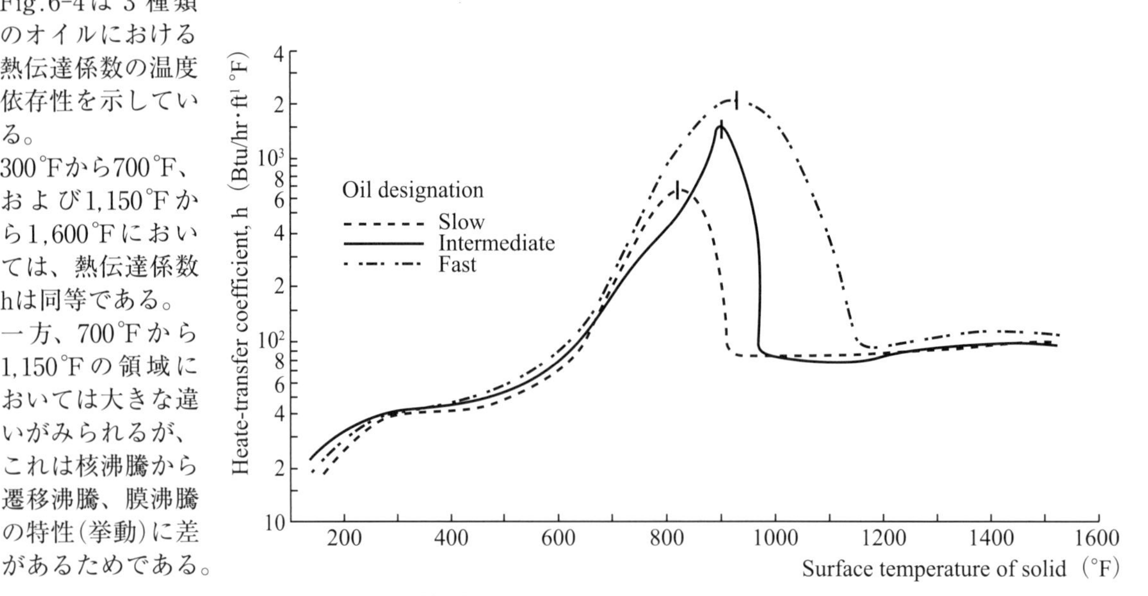

Fig. 6-4 Heat transfer coefficients in quenching oils.

* 1,150°F < T < 1600°F　　h is same for all 3 oils.
  This is the region of stable film.
* 300°F < T < 700°F　　h is same for different oils.
* T > 700°F　　The greatest difference is in the breakdown of the film and transition to nucleate boiling.

(2)NaOH水溶液による冷却

Fig.6-5は異なるNaOH濃度におけるサンプル冷却時の熱伝達係数hの温度依存性を示したものである。
NaOH濃度は0、1、5%と変化させている。
サンプル表面温度の上昇と共にhは3溶液共に急上昇するが、核沸騰によりhが最大値に達した後の持続性、および膜沸騰領域の温度幅にも大きな変化がある。
これら遷移の変化に関しては、NaOH結晶の急激な析出（核として作用）が影響していると考えられている。

(2) NaOH water solution as coolant

As the concentration of NaOH is increased (5%) film boiling shortened. It is believed that the breakdown is due to exploding salt crystals.

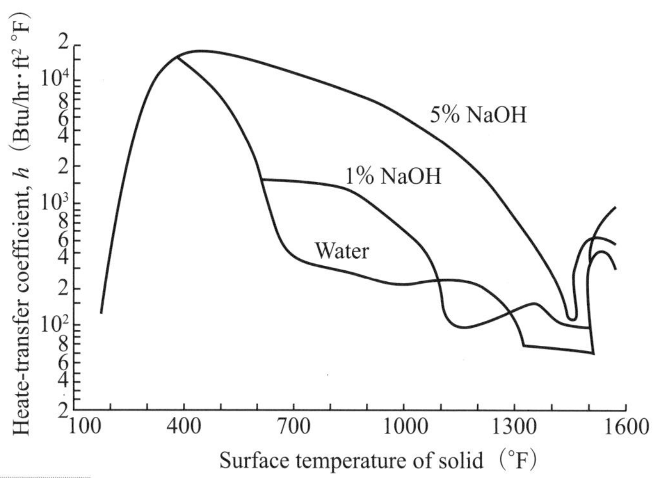

Fig. 6-5 Heat transfer coefficients in aqueous quenching media.

[Example 3] Spraying[9)]

Sprays are used for a variety of purposes.

(1) Secondary cooling of continuous casting.

(2) Cooling of steel strip.

［事例３］スプレー冷却
鉄鋼製造プロセスにおいてもスプレー冷却はさまざまなプロセスで使用されている。
(1) 連続鋳造における２次冷却
(2) 圧延時の厚板、熱延鋼板の冷却

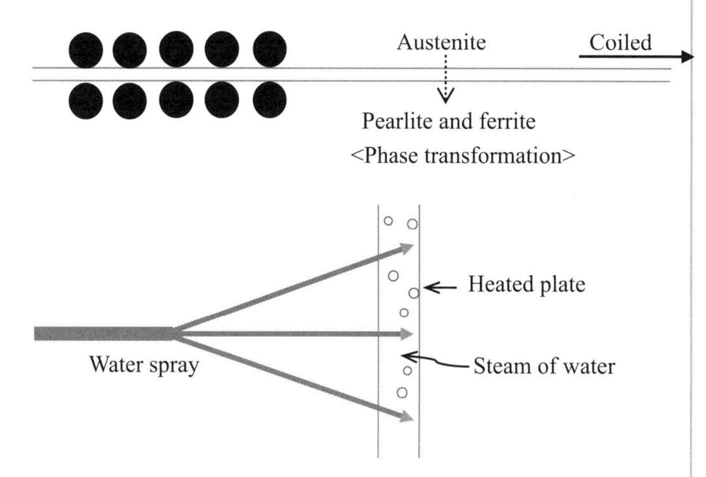

急速冷却と同じように、圧延前後で冷却制御を行い、圧延によって付加した歪と併せて鋼板の組織（結晶の種類、サイズ）を制御している。
スプレー冷却によって形成される高温鋼板の表面に形成される水膜は、左図のように核またはフィルム状の蒸気が含まれているためスプレー時の熱伝達係数は、以下のプロセス変数の関数である。
(a) 鋼板の表面温度
(b) スプレーノズルの配置
(c) スプレー水量
(d) スプレー水圧

Spray heat transfer coefficient is a function of

(a) plate or surface temperature

(b) spray nozzle geometry

(c) spray water flux

(d) spray water pressure

従来タイプのスプレー冷却を上回る冷却技術に“ラミナージェット”がある。これは、より大きな運動エネルギーによって、鋼板表面に形成されるフィルムに深く浸透する特性を持っている。

Higher heat transfer than in conventional sprays can be achieved with laminar jets which are continuous streams of water. These have high kinetics energy and can penetrate the film layer.

2. Nucleate Boiling with Forced Convection in Subcooled Liquids

高温のサンプル表面近傍で核沸騰が起こる場合、強制対流による熱伝達係数では、実際の熱伝達係数を低く見積もっている可能性がある。

If nucleate boiling initiates in a superheated sublayer adjacent to the heated surface, the forced convective heat transfer coefficient correlations underestimate the actual heat transfer coefficient.

Fig.6-6にIncipient Boiling（飽和開始点a）の拡大図を示す。
これは対流に核沸騰が加わり始めるポイントで、水量（流速）によって開始点が異なっている。

a : Incipient boiling point
b : Critical heat flux point
c : Minimum hetaflux point or Leidenfrost point
d : Burnout point

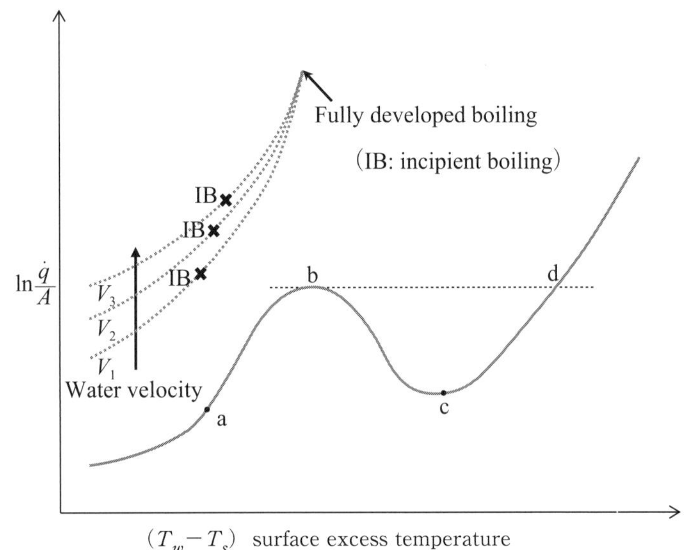

Fig. 6-6 Regimes of boiling heat transfer.

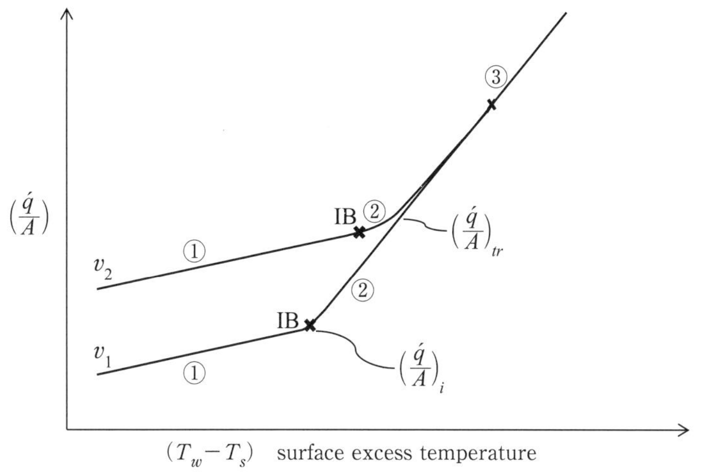

Fig. 6-7 Transition of heat flux at boiling.

Fig.6-7 は①強制対流領域から、②発達した沸騰領域へ遷移する部分を拡大したものである。

① Forced convection heat transfer

① 強制対流による熱移動

$$\left(\frac{\dot{q}}{A}\right)_{fc} = h_{cv}(T_W - T_f) \tag{6-1}$$

T_f : bulk fluid temperature

h_{cv} : convective heat transfer coefficient

② At the transition from forced convection to fully developed boiling, incipient boiling point, IB, is calculated;

② 飽和開始点での熱移動

$$\text{At IB} \quad \left(\frac{\dot{q}}{A}\right)_{fc} = \left(\frac{\dot{q}}{A}\right)_i \tag{6-2}$$

$$\left(\frac{\dot{q}}{A}\right)_i = 15.60P^{1.56}(T_W - T_{sat})^{\frac{2.30}{P^{0.0234}}} \tag{6-3}$$

$$\left(\frac{\dot{q}}{A} = \frac{\text{Btu}}{\text{hr·ft}^2}, \quad P = \text{absolute pressure (psia)}\right)$$

$$\frac{\left(\frac{\dot{q}}{A}\right)_{tr}}{\left(\frac{\dot{q}}{A}\right)_{fc}} = \left[1 + \frac{\left(\frac{\dot{q}}{A}\right)_b}{\left(\frac{\dot{q}}{A}\right)_{fc}}\left(1 - \frac{\left(\frac{\dot{q}}{A}\right)_i}{\left(\frac{\dot{q}}{A}\right)_b}\right)^2\right]^{1/2} \tag{6-4}$$

飽和開始点(IB)ではEq.6-2が成り立つ。飽和開始点での熱流束はEq.6-3で与えられる。
ここでPは絶対圧力(psia)である。

③ Burning boiling

Rohsenow's correlation for pool boiling may be applied since in the region water velocity has little effect.

③ 核沸騰領域では Rohsenowの式（Eq. 6-4）が成り立つ。

$$\frac{C_{p_\ell}\Delta T_x}{h_{f_g}\mathrm{Pr}_\ell^s}=C_{s_f}\left[\frac{\left(\frac{\dot{q}}{A}\right)_b}{\mu_\ell h_{f_g}}\sqrt{\frac{\sigma}{g(\rho_\ell-\rho_v)}}\right]^{0.33} \qquad (6\text{-}5)$$

C_{p_ℓ} : specific heat of saturated liquid

ΔT_x : surface excess temperature $= T_s - T_{sat}$

$\left(\frac{\dot{q}}{A}\right)_b$: boiling heat flux

h_{f_g} : latent heat of vapourization

ρ_ℓ, ρ_v : density of saturated liquid and vapour, respectively

σ : surface tension of vapour/liquid interface

μ_ℓ : viscosity of liquid

Pr_ℓ : Prandtl number of liquid

C_{s_f} : fodge factor

C_{s_f} is an empirical parameter that was adjusted to fit the empirical correlation to measured experimental date. It depends on fluid/surface conditions.

Surface combination	C_{s_f}	S
water-copper	0.013	1.0
CCl_4-copper	0.013	1.7
water-Ni	0.006	1.0

For systems boiling over a long period of time (aging) surface cavities become degassed and nucleation of bubbles becomes difficult. Hence boiling curves are shifted to higher superheat.

3. Maximum Heat Flux during Nucleate Boiling

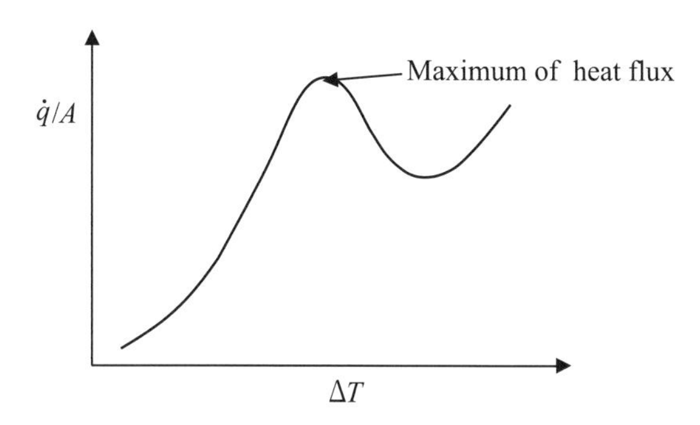

Fig. 6-8 Maximum heat flux during nucleate boiling. (also called "burnout" heat flux, or critical heat flux)

Zuber's equation

$$\left(\frac{\dot{q}}{A}\right)_{max}=\frac{\pi}{24}\rho_v h_{f_g}\frac{\left[\dfrac{\sigma(\rho_\ell-\rho_v)g}{\rho_v{}^2}\right]^{1/4}}{\left(\dfrac{\rho_\ell+\rho_v}{\rho_\ell}\right)^{1/2}} \qquad (6\text{-}6)$$

σ : surface tension, ρ_ℓ : liquid density, ρ_v : vapor density

核沸騰領域の最大熱流束はZuberの式(Eq.6-6)で表される。

4. Film Boiling

Characterized by vapor film blanketing the surface of stable film boiling outside horizontal tubes

$$\bar{h}_b=0.62\left[\frac{k_\sigma{}^3\rho_v(\rho_\ell-\rho_v)g\lambda}{D_o\mu_\sigma\Delta T_x}\right] \qquad (6\text{-}7)$$

where

$$\lambda=h_{f_g}\left[1+\frac{0.4C_{p_v}\Delta T_x}{h_{f_g}}\right] \qquad (6\text{-}8)$$

k_σ, μ_σ, C_{p_v}; conductivity, viscosity, specific heat of saturated vapour

D_o=diameter of tube

h_{f_g}=latent heat

水平に置かれた管外部を安定的に覆う蒸気被膜を介した熱伝達係数はEq.6-7で表される。

If radiation is significant

$$\bar{h}=\bar{h}_b\left(\frac{\bar{h}_b}{\bar{h}}\right)^{1/3}+\bar{h}_r \qquad (6\text{-}9)$$

calculated for radiation across parallel plane

ここで輻射が関与するようになると熱伝達係数はEq.6-9のようになる。

Chapter VII Problems and Solutions

Problem 1

The Formation of Freeze in the Aluminum Reduction Cell

Heat losses from metallurgical units like furnaces or ladles are usually undesirable since they impose an economic burden on a process and may limit its conditions of operation. There are processes, however, in which the loss of heat may be used to real advantage.

溶解炉やレードル（溶融金属を保持する容器）からの熱損失は好ましいものではないが、この熱損失が有効に利用されている例がいくつかある。

Certain processes such as the reduction of aluminum use a highly corrosive melt which is difficult to contain with normal refractories. Under these conditions, it is advantageous to freeze a layer of the melt against the container walls by allowing sufficient heat to escape through the walls. Thus the melt is contained in its own shell and the walls are protected from dissolution.

例えば、アルミニウムをアルミナから還元するプロセスにおいては通常の耐火物では保持できないような反応性の高い溶融氷晶石(溶融塩）を使用することになるが、炉の外壁から失われる熱を利用して、炉の内壁面に溶融塩そのものが凝固した層を形成させ、炉の耐火物そのものを溶損から守っている。

In the aluminum reduction cell, the walls may be composed of layers of mild steel, firebrick and carbon as shown in Fig.7-1-1. Assuming that the cell is operating at steady state, derive an expression for the thickness of shell frozen at the wall - the "freeze" - in terms of thermal resistances, "freeze" liquidus temperature, bulk cryolite temperature and ambient temperature. Neglect any contact resistances and assume that the area for heat transfer is the same at all interfaces.

このプロセスではFig.7-1-1に示すように炉の外面は鉄板、その内部は耐火物、さらにその内側にカーボン層を設けている。
炉は熱的に定常状態であることを前提に、炉内壁の内側に凝固する"freeze"の厚みを表す式を、「熱抵抗」、「freezeの液相線温度」、「溶融氷硝石の温度(バルク)」、「大気温度」の関数として示せ。

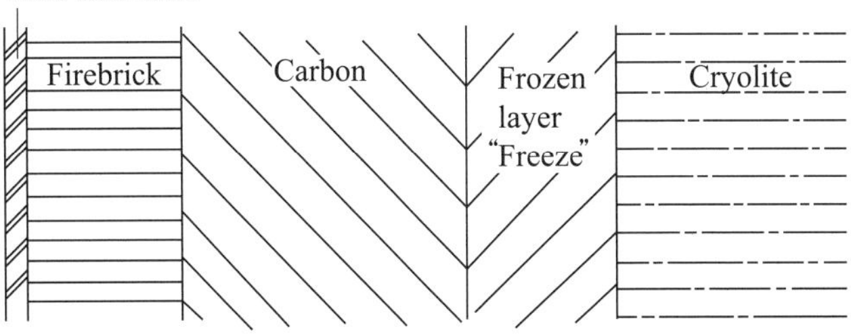

Fig. 7-1-1 Wall of an aluminum reduction cell.

以下にプロセスの条件や計算に使用する物質の物性値を示す。

Calculate the thickness of “freeze” at the wall of a cell which operates under the following conditions:

Thickness of carbon layer	=6.5 in
Thickness of firebrick	=1.25 in
Thickness of mild steel shell	=0.5 in
Thermal conductivity of carbon	=8.7 Btu hr^{-1} ft^{-1} $°F^{-1}$
Thermal conductivity of firebrick	=0.25 Btu hr^{-1} ft^{-1} $°F^{-1}$
Thermal conductivity of mild steel	=26 Btu hr^{-1} ft^{-1} $°F^{-1}$
Thermal conductivity of “freeze”	=2.3 Btu hr^{-1} ft^{-1} $°F^{-1}$
Heat transfer coefficient between “molten” cryolite and “freeze”	=65 Btu ft^{-2} hr^{-1} $°F^{-1}$
Heat transfer coefficient between mild steel shell and air	=2.5 Btu ft^{-2} hr^{-1} $°F^{-1}$
Bulk temperature of cryolite	=1,760 °F
Liquidus temperature of freeze	=1,736 °F
Ambient air temperature	=70 °F

もし、炉のグラファイト、耐火物、鉄板(外壁)の間に接触熱抵抗が存在する場合、「freeze」の厚みへの影響をどのように考えるか、説明せよ。

What would be the effect of contact resistances on the “freeze” thickness?

Problem 1 / Solution

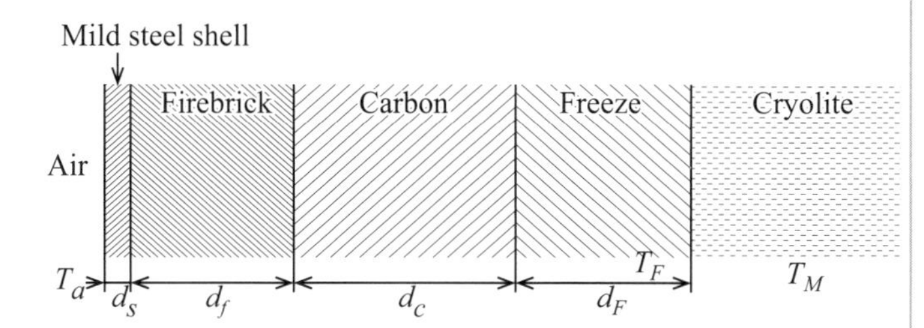

Symbols

Materials	Air	Mild steel	Fire blick	Carbon	Freeze	Cryolite
Thickness	—	d_s	d_f	d_c	d_F	—
Temperature	T_a	—	—	—	T_F	T_M
Thermal cond.	—	λ_s	λ_f	λ_c	λ_F	—
Heat transfer Coefficient		h_{a-s}			h_{M-F}	

Fig. 7-1-2 Schematic expression of the wall structure of furnace, and the table of symbols.

炉の外壁の構造をFig.7-1-2のように簡略化する。併せて炉壁の各層の厚みと熱伝導率、大気/鉄皮間、およびfreeze/cryolite間の熱伝達係数を左表のように表示する。

$$q_{total}=h_{total}\,(T_M-T_a) \tag{7-1-1}$$

$$h_{total}=\frac{1}{\dfrac{1}{h_{M-F}}+\dfrac{d_F}{\lambda_F}+\dfrac{d_c}{\lambda_c}+\dfrac{d_f}{\lambda_f}+\dfrac{d_s}{\lambda_s}+\dfrac{1}{h_{a-s}}} \tag{7-1-2}$$

熱流束q_{total}はEq.7-1-1で表される。ここでh_{total}は全抵抗の逆数でありEq.7-1-2のようになる。

$$q_{cryolite\text{-}freeze}=h_{M-F}(T_M-T_F) \tag{7-1-3}$$

At steady state,

$$q_{total}=q_{cryolite\text{-}freeze} \tag{7-1-4}$$

$$\therefore h_{M-F}(T_M-T_F)=\frac{(T_M-T_a)}{\dfrac{1}{h_{M-F}}+\dfrac{d_F}{\lambda_F}+\dfrac{d_c}{\lambda_c}+\dfrac{d_f}{\lambda_f}+\dfrac{d_s}{\lambda_s}+\dfrac{1}{h_{a-s}}} \tag{7-1-5}$$

$$\therefore d_F=\lambda_F\left\{\left(\frac{1}{h_{M-F}}\right)\frac{T_M-T_a}{T_M-T_F}-\left(\frac{1}{h_{M-F}}\right)-\left(\frac{d_c}{\lambda_c}\right)-\left(\frac{d_f}{\lambda_f}\right)-\left(\frac{d_s}{\lambda_s}\right)-\left(\frac{1}{h_{a-s}}\right)\right\} \tag{7-1-6}$$

定常状態ではcryolite/ freeze 間を通過する熱流束（Eq.7-1-4）は、Eq.7-1-1と等しいため、Eq.7-1-5が得られ、これからfreeze の厚みはEq.7-1-6のようになる。
与えられた変数および物性値からfreezeの厚みは5.2inと求まる。

Under the given conditions the thickness of freeze, d_F, is calculated as follows,

$$d_F=2.3\left\{\left(\frac{1}{65}\right)\frac{1{,}760-70}{1{,}760-1{,}736}-\left(\frac{1}{65}\right)-\left(\frac{6.5}{12\times8.7}\right)-\left(\frac{1.25}{12\times0.25}\right)-0.512\times26-12.5\right.=\underline{0.433\,(\text{ft})}=\underline{5.20\,(\text{in})}$$

もし、炉壁を構成する物質間の接触熱抵抗を考慮に入れる場合はfreezeの厚みは、Eq.7-1-6 から明らかなように、減少する。

If there are contact resistances between each layer, the freeze thickness will be reduced, which is clear from Eq.7-1-6.

Problem 2

Heat Transfer in a Handle of Vessel Containing Molten Lead

The handle of a ladle used for pouring molten lead is 12 in long. Originally the handle was made of 3/4 - 1/2 in mild steel bar stock (thermal conductivity is 30 Btu/hr ft °F). To reduce the grip temperature it is proposed to form the handle of tubing 1/16 in thick to the same rectangular shape. If the heat transfer coefficient over the handle surface is 2.5 Btu/hr/ft^2 °F, estimate the reduction of the temperature at the grip in 70°F air.

溶融鉛を継ぎ分けるためのレードルの柄の長さは12inである。従来この柄は3/4 in×1/2inの断面の軟鋼製のバー(熱伝導率30 Btu/hr ft °F)で造られていたが、その温度を下げるために1/16inの厚みのチューブに変更することが提案された。柄全長にわたる熱伝達係数が2.5Btu/hr/ft^2 °Fである場合、柄の温度降下を推定せよ。なお、溶融鉛を保持しているレードルの表面温度は700°F、外気温度は70°Fとする。

Problem 2 / Solution

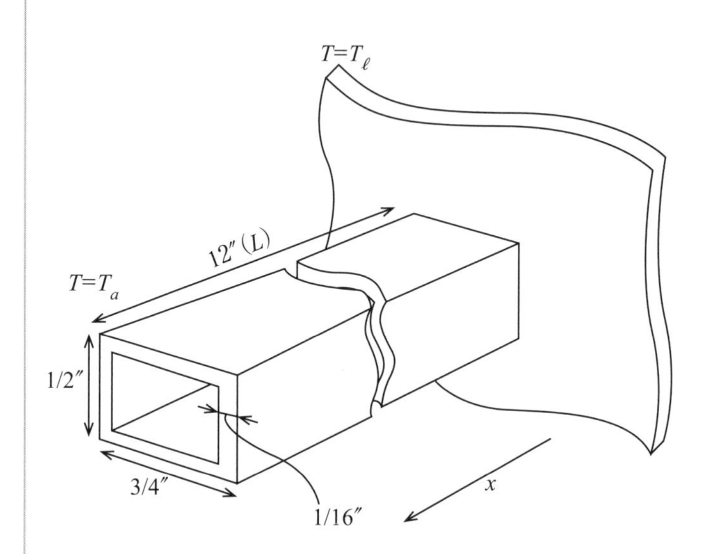

Fig. 7-2-1 Sketch of a handle of ladle for liquid lead.

Fig.7-2-1にレードルの柄の部位のスケッチ(チューブ化した柄)を示す。

チューブ内には熱移動が無いと仮定すると熱収支はEq.7-2-1のようになる。
これを境界条件Eq.7-2-2,7-2-3の下に解いてEq.7-2-4を得る。
ここでnはEq.7-2-5である。

与えられた条件の下に柄の温度分布はEq.7-2-6のようになる。

〔記号〕 T_ℓ ：レードルの表面温度
T_a ：大気温度
P ：柄の周長
A ：柄の断面積
h ：柄表面/大気の熱伝達係数
k ：柄の熱伝導率

Assuming no heat transfer within the tube, we can get Eq.7-2-1 from heat balance.

$$\frac{d^2T}{dx^2}-\frac{hP}{kA}(T-T_a)=0 \qquad (7\text{-}2\text{-}1)$$

$$\text{B.C.}\ x=0,\quad T=T_\ell \qquad (7\text{-}2\text{-}2)$$

$$x=L,\quad dT/dx=0 \qquad (7\text{-}2\text{-}3)$$

from Eqs.7-2-1～7-2-3

$$\frac{T-T_a}{T_\ell-T_a}=\frac{e^{nx}}{1+e^{2nL}}+\frac{e^{-nx}}{1+e^{-2nL}} \qquad (7\text{-}2\text{-}4)$$

$$n=\left(\frac{hP}{kA}\right)^{1/2} \qquad (7\text{-}2\text{-}5)$$

where

L =12 in=1 ft

h =2.5 Btu/hr · ft^2 · °F

P = (3/4+1/2) × 2 in=0.208 ft

k =30 Btu/hr · ft · °F

$A=(1/2\times 3/4)-(1/2-1/8)\times(3/4-1/8)$ in^2

$=9.766\times 10^{-4}\ \mathrm{ft}^2$

$T_a=70\ ^\circ\mathrm{F}$

$T_\ell=700\ ^\circ\mathrm{F}$

$\therefore n=4.21\ \mathrm{ft}^{-1}$

$$\therefore T(x)=630\left(\frac{e^{4.21x}}{1+e^{8.42}}+\frac{e^{-4.21x}}{1+e^{-8.42}}\right)+70\ ^\circ\mathrm{F} \qquad (7\text{-}2\text{-}6)$$

Before improvement

$$A=\left(\frac{1}{2}\times\frac{3}{4}\right)\mathrm{in}^2=2.604\times 10^{-3}\ \mathrm{ft}^2$$

$\therefore n=2.58\ \mathrm{ft}^{-1}$

$$\therefore T(x)=630\left(\frac{e^{2.58x}}{1+e^{5.16}}+\frac{e^{-2.58x}}{1+e^{-5.16}}\right)+70\ ^\circ\mathrm{F} \qquad (7\text{-}2\text{-}7)$$

一方、柄をチュービングする前の温度分布はEq.7-2-7で得られる。

Calculated results are shown in Fig.7-2-2.

Being compared calculated result of “after improvement” with “before improvement”, we can expect the temperature decreasing of about 80 °F at end of the grip.

チュービングする前後の柄の温度分布Fig.7-2-2に示した。チュービングによって柄の先端では約70~80°Fの温度低下が期待される。

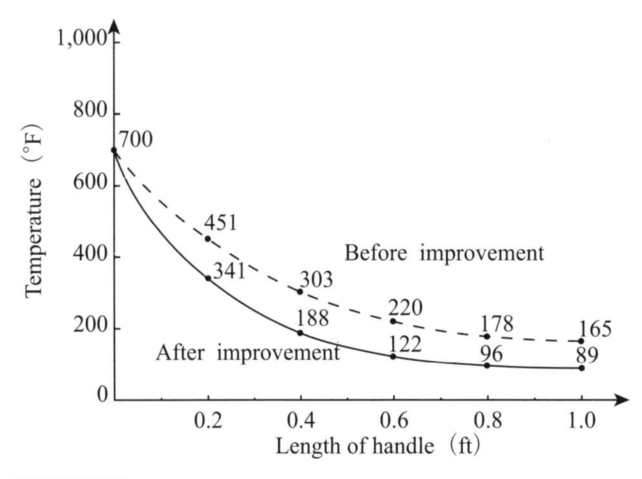

Fig. 7-2-2 Temperature distribution along a handle of ladle.

Problem 3

Unsteady Heat Transfer of Steel Ingots

F社の工場建設工事が終了した段階で、均熱炉が誤って圧延機から遠くに設置されていることが明らかになった。
この均熱炉は5 in × 5 in × 60 inの鋼塊を熱間圧延機に運ぶ前に2,200°Fまで加熱できるよう設計されていた。
均熱炉と熱間圧延機間の長い運搬距離に伴う熱損失のために、鋼塊温度が熱間圧延で必要とする温度を下回る懸念が示された。
(経験的に、鋼塊温度が1,900°Fを下回る場合、圧延トラブルが発生することが知られている)

When the layout and construction of the Fraser River Steel Company was completed, it was discovered that the soaking pits had been mistakenly located some distance from the rolling mill. The soaking pits had been designed to heat steel ingots (5" × 5" × 60") to 2,200°F prior to their hot rolling. Now with the unnecessarily long distance between soaking and hot rolling, it was feared that the ingots might lose enough heat to make hot rolling unsatisfactory (it had been found from experience that problems with rolling were encountered when ingot temperatures were below 1,900°F).

もしも鋼塊の均熱炉から圧延機までの運搬に5分必要な場合、鋼塊の温度は下がりすぎはしないか、鋼塊の温度は均一であると仮定して、右記のデータに基づいて判断せよ。

If the travel time of an ingot between the soaking pits and rolling mill is five minutes, will the ingot be too cool to hot-roll? Assume that the ingot has a uniform temperature ; the following information is at hand.

Ambient temperature is 70°F.
Overall heat transfer coefficient from the ingot surface (averaged over all sides) is 15 Btu hr^{-1} ft^{-2} $°F^{-1}$.
The average density of steel at these temperatures is 500 lb ft^{-3}.
The average specific heat of the steel is 0.14 Btu lb^{-1} $°F^{-1}$.

計算されるBi数に基づいて、鋼塊の温度が均一であるという、すなわち熱移動において内部抵抗は無視できるという仮定の正当性についてコメントしなさい。

Calculate the Biot modulus and comment on the validity of the assumption that the ingot has a uniform temperature, *i.e.*, there is negligible internal resistance to heat transfer.

Problem 3 / Solution

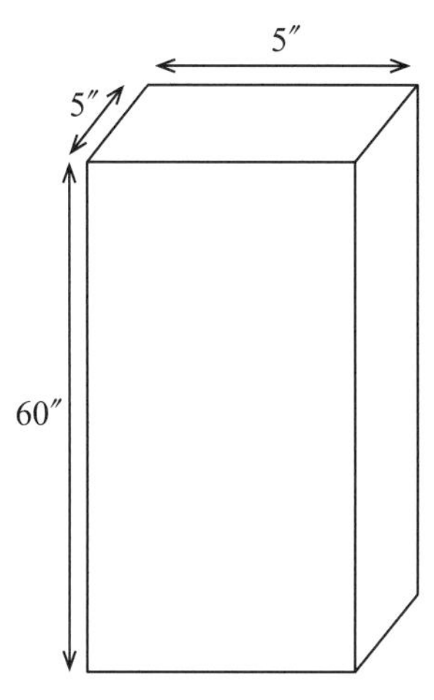

Fig. 7-3-1 Sketch of ingot.

〈Given conditions〉

1) Surface area of ingot $A=(60''\times5'')\times4+(5''\times5'')\times2$

$=1{,}250\,(\mathrm{in}^2)=8.68\,(\mathrm{ft}^2)$

2) Volume of ingot $V=60''\times5''\times5''=1{,}500\,(\mathrm{in}^3)$

$=0.868\,(\mathrm{ft}^3)$

3) Overall heat transfer coefficient $h_t=15$ Btu/(hr·ft²·°F)

4) Average density of ingot $\rho=500$ lb/ft³

5) Average specific heat of ingot $C_p=0.14$ Btu/(lb·°F)

6) Initial temperature of ingot $T_s=2{,}200$°F

7) Ambient temperature $T_a=70$°F

From the assumption that the ingot has a uniform temperature, which means that the internal resistance to heat transfer is negligible, a lumped parameter method

鋼塊の温度は均一であるという仮定、すなわち鋼塊の熱移動に関する内部抵抗は無視することが出来ることから、集中パラメータ法によって鋼塊の温度変化を推定することができる。

can be used to calculate the temperature variation of the ingot with time.

鋼塊の熱収支からEq.7-3-1式が得られるが、これを積分して Eq.7-3-3によって温度の時間変化を推定することができる。

$$-\frac{\partial T}{\partial t}=\frac{h_t A}{V\rho C_p}(T-T_a) \qquad (7\text{-}3\text{-}1)$$

$$\therefore \int_{T_s}^{T}\frac{dT}{T-T_a}=-\int_0^t \frac{h_t A}{V\rho C_p}dt \qquad (7\text{-}3\text{-}2)$$

$$\therefore \frac{T-T_a}{T_s-T_a}=\exp\left(-\frac{h_t A t}{V\rho C_p}\right) \qquad (7\text{-}3\text{-}3)$$

$$\therefore T=(2{,}200\,^\circ\mathrm{F}-70\,^\circ\mathrm{F})$$

$$\exp\left(-\frac{15\left(\frac{\mathrm{Btu}}{\mathrm{hr{\cdot}ft^2{\cdot}^\circ F}}\right)\times 8.68(ft^2)\times t(\mathrm{hr})}{0.868(\mathrm{ft^3})\times 500\left(\frac{\mathrm{lb}}{\mathrm{ft^3}}\right)\times 0.14\left(\frac{\mathrm{Btu}}{\mathrm{lb{\cdot}^\circ F}}\right)}\right)+70\,^\circ\mathrm{F}$$

運搬時間が５分の場合、鋼塊の温度は1,852℉となり、圧延に必要な温度1,900℉を下回るため、圧延時に何らかの欠陥の発生が懸念される。

If the travel time of an ingot is 5min. $\left(=\left(\frac{5}{60}\right)\mathrm{hr}\right)$, $T=1{,}851.7\,(^\circ\mathrm{F})$

Since the limit temperature of an ingot for hot rolling is 1,900℉, there can be some problems with hot rolling.

鋼塊の熱伝導率は約26 Btu/hr · ft · ℉。従ってBi数は0.06<0.1となって内部熱抵抗は無視することができるが、十分小さいとは言えず注意を要する。

Thermal conductivity of a steel ingot is apploximately 26 Btu/hr·ft·℉.

$$\mathrm{Bi}=\frac{h_t V}{kA}=\frac{15\left(\frac{\mathrm{Btu}}{\mathrm{hr{\cdot}ft^2{\cdot}^\circ F}}\right)\times 0.868(\mathrm{ft^3})}{26\left(\frac{\mathrm{Btu}}{\mathrm{hr{\cdot}ft{\cdot}^\circ F}}\right)\times 8.68(\mathrm{ft^2})}=0.06$$

The value of Bi is less than 0.1, so that we can assume that the internal resistance to heat transfer is negligible. Taking into account that the value of Bi is near 0.1, we must choose the values of h_t and k (thermal conductivity) carefully.

Problem 4

Cooling of Steel Slab Produced by Continuous Casting Process

Once cool, steel slabs from a continuous casting machine are normally inspected for surface cracks and aluminates. Unless removed at this stage, these defects may appear later in the rolled product. To facilitate the inspection it has been suggested that the hot slabs emerging from the continuous casting machine be fed into a large tank of water and quenched to near room temperature. Given the following information, calculate the time required to cool the slab surface from 850℃ to 150℃:

連続鋳造機で鋳造されたスラブは一旦冷却され、表面欠陥の検査の工程が入る。ここでスラブ表面の検査や手入れを行わないと、これら欠陥は圧延後の製品欠陥となって大きな問題につながる。この検査を行うために、鋳造後の高温のスラブは大きな水槽中で室温まで急速に冷却される。
左記の情報をもとにスラブ表面温度が850℃から150℃に低下するのに要する時間を計算せよ。

Slab thickness $(2L)$	: 20 cm
Water bath temperature (T_w)	: 20℃
Steel thermal conductivity (k)	: 0.12 cal/cm・s ℃
Steel specific heat (C_p)	: 0.2 cal/g ℃
Steel density (ρ)	: 7.8 g/cm^3
Quench heat transfer coefficient (h)	: 0.048 cal/cm^2・s ℃

Compare this time roughly to that for air cooling.

この冷却にかかる時間を空冷の場合と比較せよ。

Although a constant value has been given for the quench heat transfer coefficient, what would you expect in reality?

また、ここでは急冷熱伝達係数として一定値を使用しているが、実際はどのような事が推定されるだろうか。

Problem 4 / Solution

①連続鋳造機で鋳造されるスラブは非常に大きく(無限平面)、②スラブを冷却する水槽の水温変化は無視できると仮定する。
Bi数を試算する上での代表長さはスラブ厚みℓの半分であり、Bi数は4となるため、この系における内部熱抵抗は無視できないことになる。

［記号］ L ：スラブ厚×1/2
k ：鋼の熱伝導率
h ：水冷時の熱伝達係数
C_p ：鋼の比熱
ρ ：鋼の密度
T_w ：水温
T_0 ：スラブの初期温度
α ：熱拡散係数
t ：時間

Assuming that the size of the CC slab is very large and that increasing water temperature is negligible,

Characteristic length $L=\dfrac{\ell}{2}=10$ (cm)

$$\therefore \mathrm{Bi}=\frac{hL}{k}=\frac{0.048\times 10}{0.12}=4$$

Hence the internal resistance of the system is not negligible.

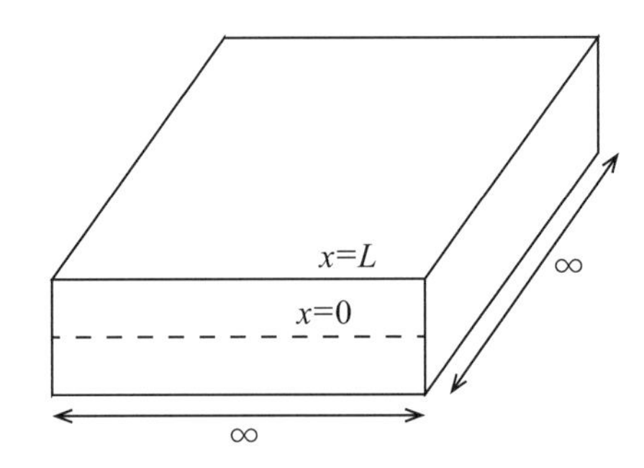

Fig. 7-4-1 Sketch of continuously cast slab.

Considering x directional heat flow,

$$\frac{\partial^2 T}{\partial x^2}=\frac{1}{\alpha}\frac{\partial T}{\partial t} \qquad (7\text{-}4\text{-}1)$$

B.C.

i) $x=0,\ t\geq 0,\ -k\dfrac{\partial T}{\partial x}=0$ (7-4-2)

ii) $x=L,\ t=0,\ T=T_0$ (7-4-3)

$t>0,\ -k\dfrac{\partial T}{\partial x}=h(T-T_w)$ (7-4-4)

この場合、チャート解法を適用して温度変化を見積ることができる。

We can calculate the temperature with chart solution.

$$Y=\frac{T-T_w}{T_0-T_w},\quad m=\frac{k}{h\,L}$$

$$X=\frac{\alpha t}{L^2},\quad n=\frac{x}{L} \qquad (7\text{-}4\text{-}5)$$

In this case

$$Y=\frac{150-20}{850-20}=0.157 \tag{7-4-6}$$

$$n=1 \tag{7-4-7}$$

$$m=\frac{0.12}{(10\times 0.048)}=0.25 \tag{7-4-8}$$

$$\text{From the chart we get } \frac{\alpha t}{L^2}=0.55 \tag{7-4-9}$$

$$\therefore t=0.55\times L^2\times\frac{\rho C_p}{k}=715(\text{sec}) \tag{7-4-10}$$

本条件下では、パラメターは次のようになり、
$Y=0.157$
$n=1$
$m=0.25$
AppendixのFig.A-4 から$x=0.55$
すなわち$t=715$秒と求まる。

In case of air cooling, heat transfer mainly depends on radiation and convection. In this case pseudo-radiative heat transfer coefficient can be expressed as following equation.

$$\bar{h}_r=\frac{\sigma\varepsilon\left\{(T+273)^4-(T_a+273)^4\right\}}{T-T_a} \tag{7-4-11}$$

空冷の場合、熱移動は輻射が主要なメカニズムとなる。
(自然対流も影響するが、この温度領域では、輻射が支配的である)

Assuming the average temperature of slab is 500℃ and $\varepsilon=0.85$,

$$\bar{h}_r=\frac{4.88\times 10^{-8}\times 0.85\times\left\{(500+273)^4-(20+273)^4\right\}}{500-20}$$

$$=30.2\ \frac{\text{kcal}}{\text{m}^2\cdot\text{hr}\cdot℃} \tag{7-4-12}$$

$$=8.39\times 10^{-4}\ \frac{\text{cal}}{\text{cm}^2\cdot\text{sec}\cdot℃} \tag{7-4-13}$$

$$\text{B}_\text{i}=\frac{8.39\times 10^{-4}\times 10}{0.12}=0.0699<0.1 \tag{7-4-14}$$

With a lumped parameter method,

$$t=-\frac{\rho C_p L}{\bar{h}}\ln\left(\frac{T_f-T_a}{T_0-T_a}\right)$$

$$=-\frac{7.8\times 0.2\times 10}{8.39\times 10^{-4}}\ln\left(\frac{150-20}{850-20}\right) \tag{7-4-15}$$

$=34,472$ (sec)⟵ in case of air cooling

スラブの平均温度を500℃、輻射率を0.85と仮定すると、疑輻射熱伝達係数は0.84×10^{-3}cal/(cm^2·sec·℃)となり、Bi数は0.070<0.1となるため、集中パラメータ法が適用できる。その結果、空冷の場合、冷却の所要時間は34,472秒(9.6時間)となる。

In this problem a constant value is given for the quench heat transfer, but actually the heat transfer coefficient is variable with the temperature of slab especially because of boiling of water.

As shown in Fig.7-4-2, h increases slowly with the

水冷によるスラブの冷却に戻る。
この問題では急冷の際の熱伝達係数として定数が与えられた。しかしながら、実際はスラブ表面における沸騰のため、熱伝達係数はスラブ表面温度と共に変化する。この傾向をFig.7-4-2に示したが、スラブ表面温度が200℃までは穏やかに変化した後、200℃以下では膜沸騰から

核沸騰への遷移のため、スラブ温度は急速に低下する。
実際には熱伝導係数はこのように変化するが、計算に使用した0.048cal/cm^2・s・℃は近似計算に使用するには問題無いと考えられる。

decreasing of slab temperature from 850℃ to 200℃.

After that, because of the transition from film boiling to nucleation boiling, h increases promptly with the decreasing of slab temperature from 200℃ to 150℃.

From the temperature dependence of h, we can estimate that the temperature of slab decreases slowly from 850℃ to 200℃ then quickly reaches the temperature of 150℃. But the given h as 0. 048 (cal/cm^2 s℃) is reasonable for average value to estimate roughly.

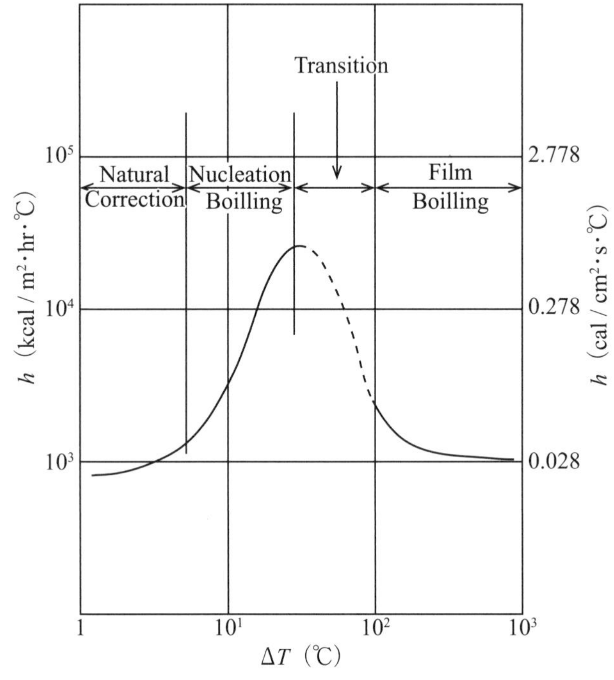

Fig. 7-4-2 Charactistic boilling curve of water.
(S. Nukiyama; *J. Soc. Mech. Eng. Jpn*, 37(1934), pp. 367-374.)

Problem 5

Steady State Heat Conduction in the Wall of a Continuous Casting Mould[10, 11)]

It is desired to calculate the two-dimensional temperature distribution in the wall of a continuous - casting mould. A schematic of the mould wall, which may be assumed to be at steady state, is shown below.

鋼の連続鋳造鋳型においては、２次元かつ定常状態での温度分布を知ることが重要である。この温度分布を計算するにあたっての、プロセスにおける鋳型(壁)配置と、その境界条件についてFig.7-5-1に示す。
鋳型壁の厚みをx_M、高さをy_Mとする。$x=0$のラインは銅鋳型と水路の境界である。また鋳型上端からy_mの位置までは大気と接し、y_mより下は鋼と接している。

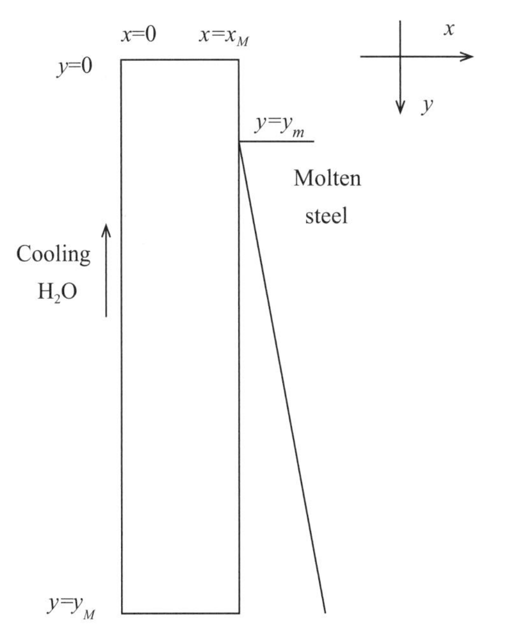

Fig. 7-5-1 Boundary conditions for mould temperature calucu-lation.

The boundary conditions for the mould wall may be described as follows

[i] $y=0\ ,\ 0 \leq x \leq x_M,\ -k\dfrac{\partial T}{\partial y}=0$ (7-5-1)

[ii] $y=y_M\ ,\ 0 \leq x \leq x_M,\ -k\dfrac{\partial T}{\partial y}=0$ (7-5-2)

[iii] $x=0\ ,\ 0 \leq y \leq y_M,\ -k\dfrac{\partial T}{\partial x}=h_w\ (T_w-T_0)$ (7-5-3)

[iv] $x=x_M\ ,\ 0<y<y_m,\ -k\dfrac{\partial T}{\partial x}=h_R(T_M-T_a)$ (7-5-4)

[v] $x=x_M\ ,\ y_m<y<y_M,\ -k\dfrac{\partial T}{\partial x}=h_M(T_M-T_s)$ (7-5-5)

銅の熱伝導率をk、水路と接する銅板の温度をT_0、銅板の温度をT_M、水の温度をT_w、外気の温度をT_a、鋼の温度をT_s、水と銅板間の熱伝達係数をh_w、鋼の凝固シェルと銅板間の熱伝達係数をh_M、銅板表面から外気への輻射に相当する疑輻射熱伝達係数をh_Rとする。

ここで差分法を用いて鋳型壁内の温度分布を計算する場合、鋳型壁のそれぞれ異なったタイプのノードについて差分式を求めよ。またこれらの式を使ってどのように解を求めるか説明せよ。

If the finite-difference method is to be used to calculate the temperature distribution, write appropriate finite-difference equations for each different nodal type in the mould wall. Indicate how you would obtain a solution using these equations.

1. Physical system of nodes

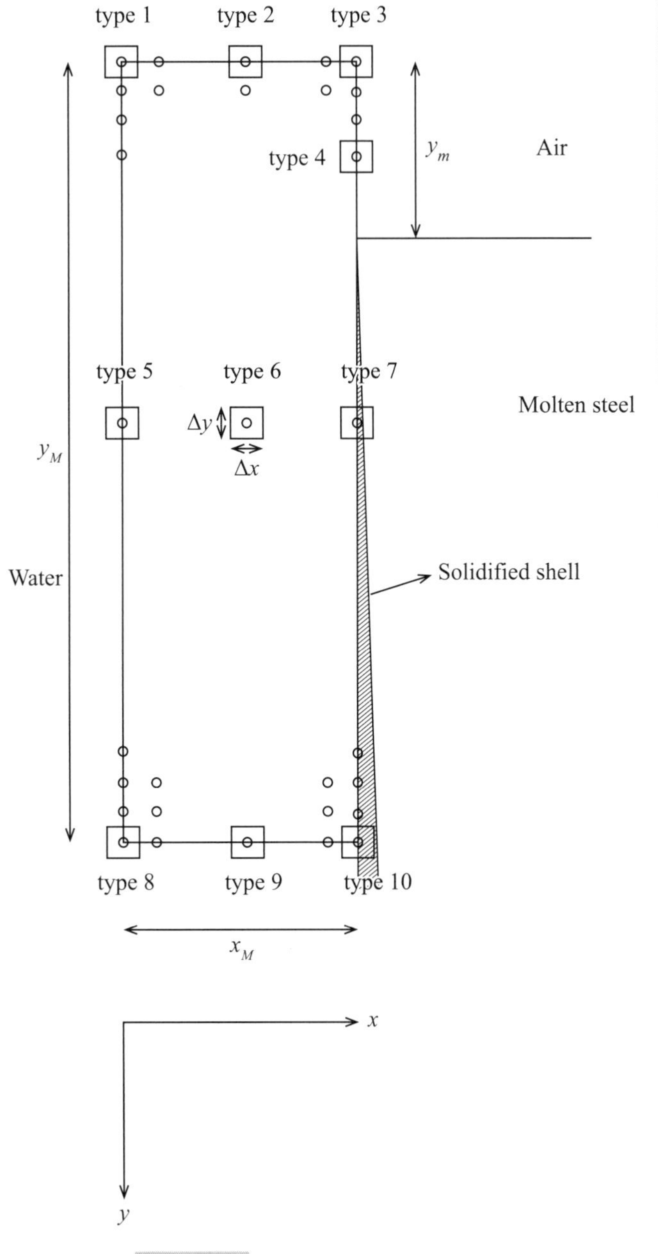

Fig. 7-5-2 Physical system of nodes.

Fig. 7-5-2 に鋳型壁の境界条件毎に分類(type1~type10)したノードおよび要素を示す。

2. Boundary Conditions (given)

1) $y=0,\ 0\leq x\leq x_M\ ;\ -k\frac{\partial T}{\partial y}=0$ (7-5-6)

2) $y=y_M,\ 0\leq x\leq x_M\ ;\ -k\frac{\partial T}{\partial y}=0$ (7-5-7)

3) $x=0,\ 0\leq y\leq y_M\ ;\ -k\frac{\partial T}{\partial x}=h_w(T_w-T_0)$ (7-5-8)

4) $x=x_M,\ 0<y<y_m\ ;\ -k\frac{\partial T}{\partial x}=h_R(T_M-T_a)$ (7-5-9)

5) $x=x_M,\ y_m<y<y_M\ ;\ -k\frac{\partial T}{\partial x}=h_M(T_M-T_s)$ (7-5-10)

〈注〉ノードのtype 1とtype 8、type 2とtype 9は基本的には同等であるが、熱の流れの表示に違いがあるため、違うタイプに分類している。

〈Note〉

Node Type 1 and Type 8, Type 2 and Type 9 are basically the same. But there are small differences in the expression of the heat flow.

3. Nodal equations

(1) Type 1

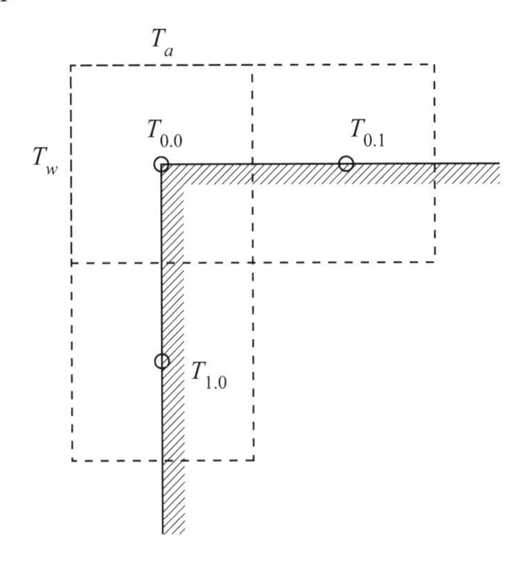

$$\left(\frac{T_{0,1}-T_{0,0}}{\Delta x}\right)k\frac{\Delta y}{2}+\left(\frac{T_{0,1}-T_{0,0}}{\Delta y}\right)k\frac{\Delta x}{2}+(T_w-T_{0,0})\ h_w\frac{\Delta y}{2}=0$$

(7-5-11)

(2) Type 2

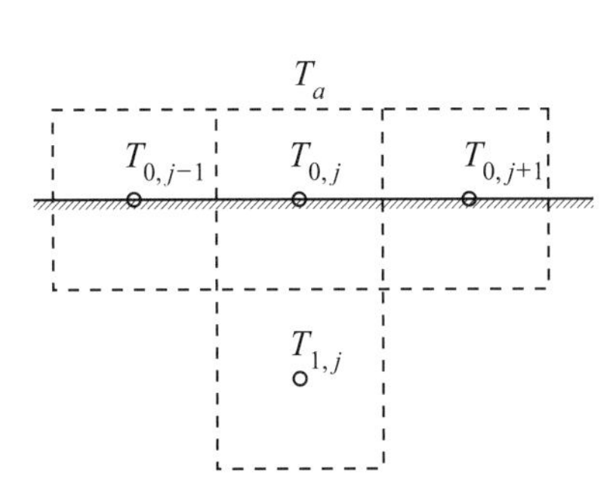

$$\left(\frac{T_{0,j-1}-T_{0,j}}{\Delta x}\right)k\frac{\Delta y}{2}+\left(\frac{T_{0,j+1}-T_{0,j}}{\Delta x}\right)k\frac{\Delta y}{2}+\left(\frac{T_{1,j}-T_{0,j}}{\Delta y}\right)k\Delta x=0$$

(7-5-12)

(3) Type 3

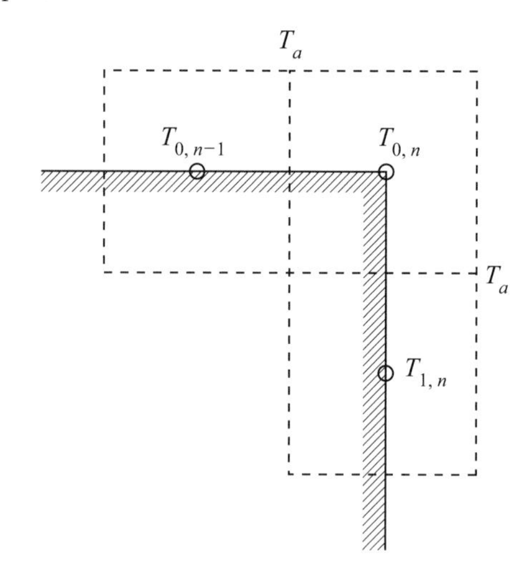

$$\left(\frac{T_{0,n-1}-T_{0,n}}{\Delta x}\right)k\frac{\Delta y}{\cancel{2}}+\left(\frac{T_{1,n}-T_{0,n}}{\Delta y}\right)k\frac{\Delta x}{\cancel{2}}+$$

$$(T_a-T_{0,n})h_R\frac{\Delta y}{\cancel{2}}=0 \qquad (7\text{-}5\text{-}13)$$

(4) Type 4

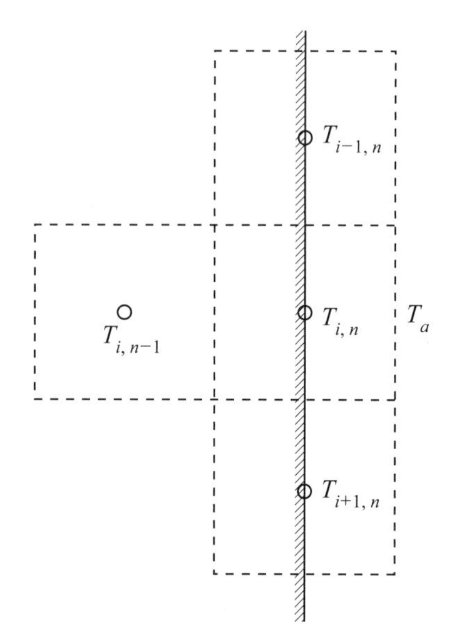

$$\left(\frac{T_{i-1,n}-T_{i,n}}{\Delta y}\right)k\frac{\Delta x}{2}+\left(\frac{T_{i+1,n}-T_{i,n}}{\Delta y}\right)k\frac{\Delta x}{2}+$$

$$\left(\frac{T_{i,n}-T_{i,n}}{\Delta x}\right)k\Delta y+(T_a-T_{i,n})h_R\Delta y=0 \quad (7\text{-}5\text{-}14)$$

(5) Type 5

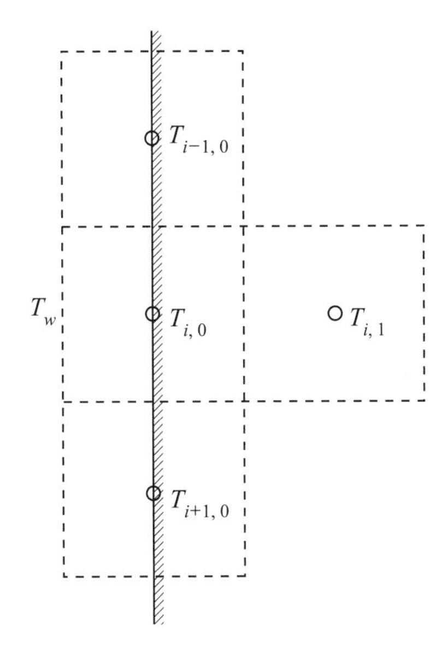

$$\left(\frac{T_{i-1,0}-T_{i,0}}{\Delta y}\right)k\frac{\Delta x}{2}+\left(\frac{T_{i+1,0}-T_{i,0}}{\Delta y}\right)k\frac{\Delta x}{2}$$
$$+\left(\frac{T_{i,1}-T_{i,0}}{\Delta x}\right)k\Delta y+(T_w-T_{i,0})h_w\Delta y=0 \qquad (7\text{-}5\text{-}15)$$

(6) Type 6

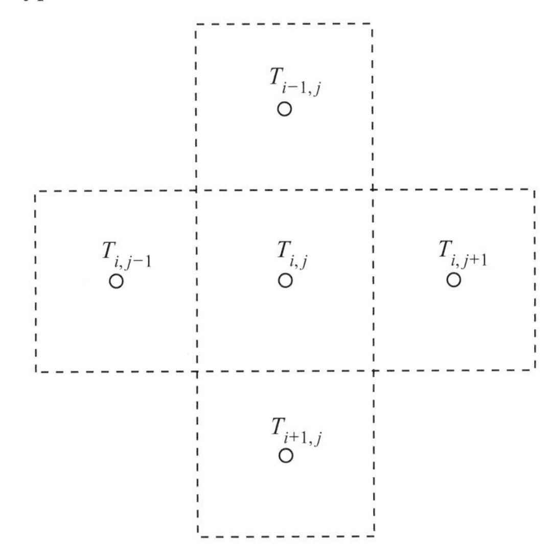

$$\left(\frac{T_{i-1,j}-T_{i,j}}{\Delta y}\right)\cancel{k}\Delta x+\left(\frac{T_{i,j-1}-T_{i,j}}{\Delta x}\right)\cancel{k}\Delta y+\left(\frac{T_{i+1,j}-T_{i,j}}{\Delta y}\right)\cancel{k}\Delta x$$
$$+\left(\frac{T_{i,j+1}-T_{i,j}}{\Delta x}\right)\cancel{k}\Delta y=0 \qquad (7\text{-}5\text{-}16)$$

(7) Type 7

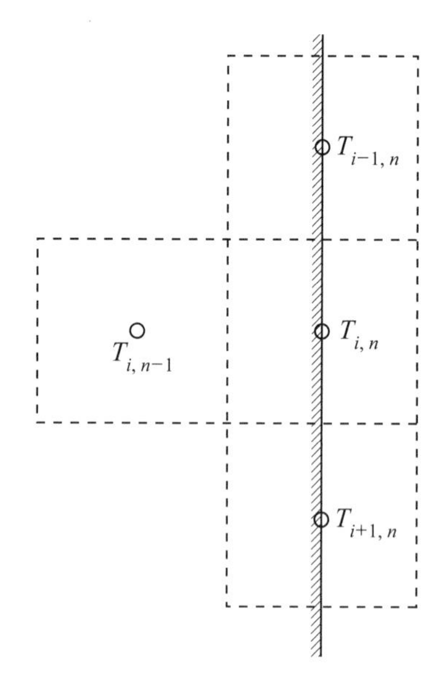

$$\left(\frac{T_{i-1,n}-T_{i,n}}{\Delta y}\right)k\frac{\Delta x}{2}+\left(\frac{T_{i+1,m}-T_{i,n}}{\Delta y}\right)k\frac{\Delta x}{2}+$$

$$\left(\frac{T_{i,n-1}-T_{i,n}}{\Delta x}\right)k\Delta y+(T_s-T_{i,n})\Delta y h_M=0 \quad (7\text{-}5\text{-}17)$$

(8) Type 8

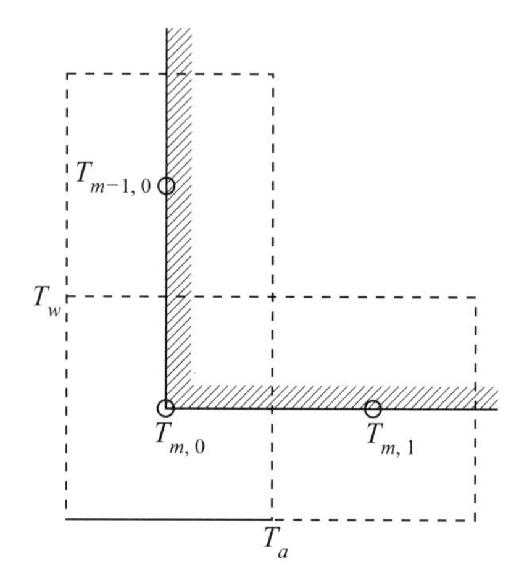

$$\left(\frac{T_{m-1,0}-T_{m,0}}{\Delta y}\right)k\frac{\Delta x}{\cancel{2}}+\left(\frac{T_{m,1}-T_{m,0}}{\Delta x}\right)k\frac{\Delta y}{\cancel{2}}+$$

$$(T_w-T_{m,0})h_w\frac{\Delta y}{\cancel{2}}=0 \quad (7\text{-}5\text{-}18)$$

(9) Type 9

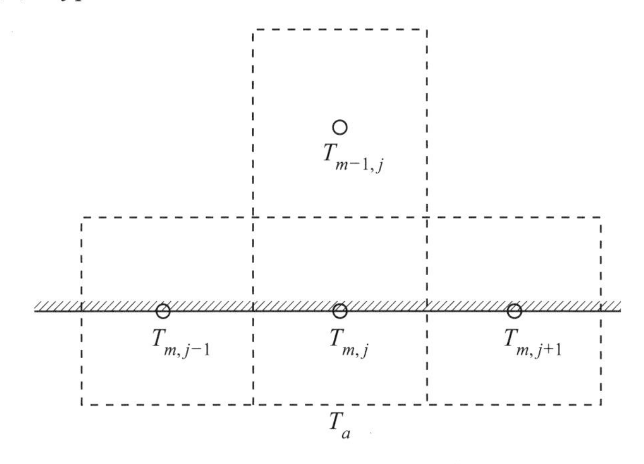

$$\left(\frac{T_{m,j-1}-T_{m,j}}{\Delta x}\right)\cancel{k}\frac{\Delta y}{2}+\left(\frac{T_{m,j+1}-T_{m,j}}{\Delta x}\right)\cancel{k}\frac{\Delta y}{2}+\left(\frac{T_{m-1,j}-T_{m,j}}{\Delta y}\right)\cancel{k}\Delta x=0 \qquad (7\text{-}5\text{-}19)$$

(10) Type 10

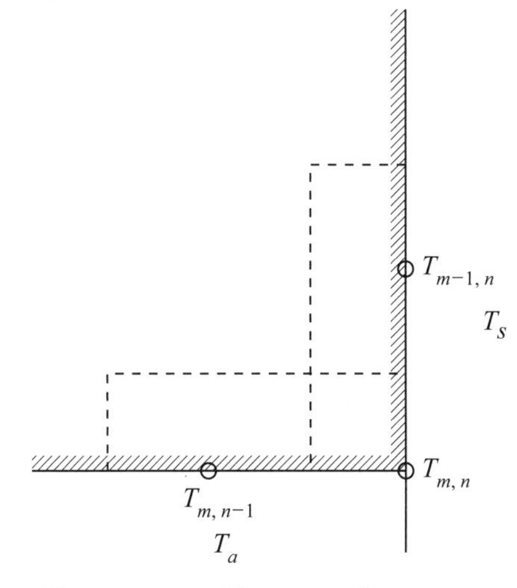

$$\left(\frac{T_{m,n-1}-T_{m,n}}{\Delta x}\right)k\frac{\Delta y}{\cancel{2}}+\left(\frac{T_{m-1,n}-T_{m,n}}{\Delta y}\right)k\frac{\Delta x}{\cancel{2}}+h_M(T_s-T_{m,n})\frac{\Delta y}{\cancel{2}}=0 \qquad (7\text{-}5\text{-}20)$$

以上の熱収支から得られた差分式をノード別にまとめて示す。

[Type 1]

$$(T_{0,1}-T_{0,0})k\frac{\Delta y}{\Delta x}+(T_{1,0}-T_{0,0})k\frac{\Delta x}{\Delta y}+(T_w-T_{0,0})h_w\Delta y=0 \qquad (7\text{-}5\text{-}21)$$

[Type 2]

$$\frac{\Delta y}{2\Delta x}(T_{0,j-1}-2T_{0,j}+T_{0,j+1})+\frac{\Delta x}{\Delta y}(T_{1,j}-T_{0,j})=0 \tag{7-5-22}$$

[Type 3]

$$(T_{0,n-1}-T_{0,n})k\frac{\Delta y}{\Delta x}+(T_{1,n}-T_{0,n})k\frac{\Delta x}{\Delta y}+$$
$$(T_a-T_{0,n})h_R\Delta y=0 \tag{7-5-23}$$

[Type 4]

$$\frac{k\Delta x}{2\Delta y}(T_{i-1,n}-2T_{i,n}+T_{i+1,n})+$$
$$k\frac{\Delta y}{\Delta x}(T_{i,n-1}-T_{i,n})+(T_a-T_{i,n})h_R\Delta y=0 \tag{7-5-24}$$

[Type 5]

$$\frac{k\Delta x}{2\Delta y}(T_{i-1,n}-2T_{i,n}+T_{i+1,n})+k\frac{\Delta y}{\Delta x}(T_{i,1}-T_{i,0})+$$
$$(T_w-T_{i,0})h_w\Delta y=0 \tag{7-5-25}$$

[Type 6]

$$\frac{\Delta x}{\Delta y}(T_{i-1,j}-2T_{i,j}+T_{i+1,j})+$$
$$\frac{\Delta y}{\Delta x}(T_{i,j-1}-2T_{i,j}+T_{i,j+1})=0 \tag{7-5-26}$$

[Type 7]

$$\frac{k\Delta x}{2\Delta y}(T_{i-1,n}-2T_{i,n}+T_{i+1,n})+\frac{k\Delta y}{\Delta x}(T_{i,n-1}-T_{i,n})$$
$$+(T_s-T_{i,n})\Delta y h_M=0 \tag{7-5-27}$$

[Type 8]

$$\frac{k\Delta x}{\Delta y}(T_{m-1,0}-T_{m,0})+\frac{k\Delta y}{\Delta x}(T_{m,1}-T_{m,0})+$$
$$(T_w-T_{m,0})h_w\Delta y=0 \tag{7-5-28}$$

[Type 9]

$$\frac{\Delta y}{2\Delta x}(T_{m,j-1}-2T_{m,j}+T_{m,j+1})+\frac{\Delta x}{\Delta y}(T_{m-1,j}-T_{m,j})=0 \tag{7-5-29}$$

[Type 10]

$$\frac{k\Delta y}{\Delta x}(T_{m,n-1}-T_{m,n})+\frac{k\Delta x}{\Delta y}(T_{m-1,n}-T_{m,n})+ (T_s-T_{m,n})h_M\Delta y=0 \tag{7-5-30}$$

These simultaneous equations are rewritten to the matrix system, which can be solved with, for example, the Gauss-Seidel method under the given conditions; Δx, Δy, k, h_w, h_R, h_M, T_0, T_w, T_M, T_a, T_s.

これらの連立方程式は行列に書き換えられ、与えられた境界条件に基づき、例えばGauss-Seidel法によって解(温度分布)を得る。

Problem 6

Controlled Cooling of Wire in the Stelmor Process[12)]

Stelmorプロセスにおいて、圧延され温度制御された線材は、移動床の上に連続的にループ状に置かれ、移動床下方から高速の大気の風によって冷却される(Fig.7-6-1参照)。

目的とする線材の組織を得るために線材(5.5mm径)を900℃から20secの間に500℃まで冷却する必要があるが、その際の風速をどのように設定すべきかを見積もってみる。

なお、円柱を横切る大気の風による熱伝達係数はEq.7-6-1で与えられる。

［記号］σ ：Stefan-Boltzmann定数
$\bar{h}_c$ ：平均対流熱伝達係数
k_f ：大気の熱伝導率
ν_f ：大気の動粘性係数
V_∞ ：風速
D_o ：線材の直径

Another controlled cooling process for wire rods is the Stelmor process which utilizes high-velocity air. In this case the wire rod is laid down in loops on a moving bed, and the air is blown over the rod to achieve the desired cooling. If, to achieve the desired structure, 5.5 mm dia. rod, initially at 900℃, must be cooled to 500℃ within 20 s, what air velocity should be employed? Neglect the heat of transformation.

Additional information

$\sigma = 0.1714\times10^{-8}$ Btu/hr ft^2 °R^4

$= 5.67\times10^{-8}$ W/m^2 K^4

Average heat transfer coefficient for a circular cylinder in cross flow with air

$$\frac{\bar{h}_c D_o}{k_f} = C\left(\frac{V_\infty D_o}{\nu_f}\right)^n \quad (7\text{-}6\text{-}1)$$

Re_{D_f}	C	n
0.4-4	0.891	0.330
4-40	0.821	0.385
40-4,000	0.615	0.466
4,000-40,000	0.174	0.618
40,000-400,000	0.0239	0.805

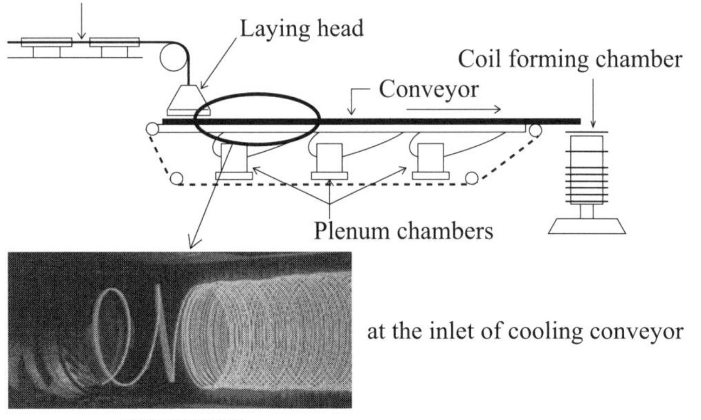

Fig. 7-6-1 Topview of Stelmor process.

Problem 6 / Solution

(1) Estimation of the total heat transfer coefficient ($\bar{h}_t$) with the lamped parameter method.

$$\frac{T_f-T_a}{T_i-T_a}=\exp\left(-\frac{\bar{h}_tA}{\rho C_pV}\right)t \qquad (7\text{-}6\text{-}2)$$

$$\therefore\frac{932-70}{1{,}652-70}=\exp\left(-\frac{\bar{h}_t\cdot\frac{20}{3{,}600}}{500\times0.14\times\frac{0.55}{2\times2\times30.48}}\right) \qquad (7\text{-}6\text{-}3)$$

$$\therefore0.545=\exp(-0.0176\bar{h}_t)$$

$$\therefore\bar{h}_t=34.5\,\frac{\text{Btu}}{\text{hr}\cdot\text{ft}^2\cdot{}^\circ\text{F}} \qquad (7\text{-}6\text{-}4)$$

$$\left(\text{Bi}=\frac{34.5\times\frac{0.55}{2\times2\times30.48}}{16.8}=9.26\times10^{-3}<0.1\right) \qquad (7\text{-}6\text{-}5)$$

(1) 線材の冷却を検討するに当たってまず総括熱伝達係数を推算する。
集中パラメータ法が適用できると仮定すると総括熱伝達係数はEq.7-6-4のように求まる。ここでT_iは線材の初期温度、T_fは線材の最終温度、T_aは大気温度、ρは鋼の密度、C_pは鋼の比熱である。
これよりBi数を算出すると0.1より十分に小さいため、パラメータ法の適用が妥当であることが確認できる。

(2) Calculating the pseudo-heat transfer coefficient by radiation ($\bar{h}_R$).

$$\bar{h}_R=\sigma\epsilon(T_a{}^2+T_s{}^2)(T_a+T_s) \qquad (7\text{-}6\text{-}6)$$

$$=0.1714\times10^{-8}\left(\frac{\text{Btu}}{\text{hr}\cdot\text{ft}^2\cdot{}^\circ\text{F}}\right)\times0.8$$

$$\times(1{,}752^2+530^2)(1{,}752+530) \qquad (7\text{-}6\text{-}7)$$

$$=10.48\left(\frac{\text{Btu}}{\text{hr}\cdot\text{ft}^2\cdot{}^\circ\text{F}}\right) \qquad (7\text{-}6\text{-}8)$$

(2) 疑輻射熱伝達係数を求める。
Eq.7-6-6より、Eq.7-6-8のように求まる。ここでT_sは線材の表面温度であり、T_iとT_fの平均値とする。T_s、T_a共に単位は°Rであることに注意。

(3) Average heat transfer coefficient for a circular cylinder ($\bar{h}_c$).

$$(\bar{h}_c)=\bar{h}_t-\bar{h}_R=24.02\left(\frac{\text{Btu}}{\text{hr}\cdot\text{ft}^2\cdot{}^\circ\text{F}}\right)=136.4\left(\frac{\text{W}}{\text{m}^2\cdot\text{K}}\right) \qquad (7\text{-}6\text{-}9)$$

(3) 円柱の周りの対流熱伝達係数を求める。
(1)、(2)よりEq.7-6-9のように求まる。

(4) Calculation of air velocity

$$\frac{\bar{h}_cD_o}{k_f}=C\left(\frac{V_\infty D_o}{\nu_f}\right)^n \qquad (7\text{-}6\text{-}10)$$

(4) 風速を求める。
Eq.7-6-10(Eq.7-6-1)を使って風速を推定する。

At room temperature

$$k_f=0.02624\,\frac{\text{W}}{\text{m}\cdot{}^\circ\text{C}} \qquad (7\text{-}6\text{-}11)$$

室温での空気の熱伝導率、動粘性係数を求め、Re数は400〜4,000の間と仮定して計算するとEq.7-6-14のように求まる。

ここでRe数を算出すると3,756となり、仮に設定した範囲にあることが確認される。

$$\nu_f = 16.84 \times 10^{-6} \frac{\mathrm{m}^2}{\mathrm{s}} \qquad (7\text{-}6\text{-}12)$$

Assuming $\mathrm{Re}_{Df} = 400 \sim 4{,}000,\ C = 0.615,\ n = 0.466$

(7-6-13)

$$V_\infty = 11.5 \frac{\mathrm{m}}{\mathrm{s}} \qquad (7\text{-}6\text{-}14)$$

$$\mathrm{Re}_{Df} = \frac{DV_\infty}{\nu_f} = \frac{0.0055 \times 11.5}{16.84 \times 10^{-6}} = 3{,}756 \qquad (7\text{-}6\text{-}15)$$

This value is within the assumed range.

The air velocity is finally calculated as,

$V_\infty = 11.5 \frac{\mathrm{m}}{\mathrm{s}}$.

Problem 7

Heat Losses from Ladles Containing Liquid Steel

At the end of the refining period in normal steelmaking operations, the molten steel is poured from the steelmaking furnace – electric arc, open hearth, basic oxygen – into a preheated, refractory-lined ladle. Alloy additions (manganese, ferro-silicon, etc.) may then be made in the ladle before slagging agents are shovelled on to the steel surface. These agents retard excessive heat losses from the metal surface, reduce reaction between the atmosphere (N_2, O_2, H_2O) and the steel, and may be required to effect some additional refining. While the furnace is being recharged for the next heat, the ladle is transferred by overhead crane to the casting floor. Casting may be performed continuously or batchwise with a series of moulds; the time taken to empty the ladle in either case may be approximately an hour.

精錬が終わった後、溶鋼は精錬炉からレードルに移される。
合金を添加、成分を調整した後、スラグが溶鋼表面に添加される。このスラグは溶鋼の温度の低下を抑制したり大気中の窒素、酸素などのガス成分との接触を遮断するなどの役割を持っている。
このレードルは鋳造床に運ばれ、溶鋼は鋼塊鋳型、もしくは連続鋳造鋳型に注入される。

Serious problems can arise if, during this time, the steel in the ladle cools to a temperature below about 2,850°F. For example, skulls (solidified steel) may form in the ladle; and in continuous casting, solidification may occur in the tundish above the reciprocating mould. Steel companies avoid a frequent occurrence of such events by ensuring that the steel tapped from the furnace is sufficiently hot. Heat losses in tapping and holding the steel in the ladle, or due to alloy additions, markedly influence the tapping temperature.

鋳造中に溶鋼の温度が所定の値より低下するようなことがあれば、レードル中の溶鋼の表面が凝固したり、連続鋳造のタンディッシュや鋳型の表面で凝固が始まるなど操業に甚大なトラブルを引き起こすことになる。
溶鋼を炉からレードル、レードルからタンディッシュに移す際の温度低下、合金を添加した後の温度低下などを考慮した操業が行われている。

At Western Canada Steel hot metal is tapped at about 2,950°F from an electric arc furnace into a 40 ton ladle, vide Fig.7-7-1. After the addition of alloying materials to the

W社において2,950°Fの温度で溶鋼がレードル(Fig.7-7-1)に移される。合金成分が添加された後、砂がレードル中の溶鋼表面に添加される。この段階までにレードル内耐火物中の温度勾配は定常となり溶鋼の温度は2,890°F一定となっていると仮定する。さらにレードルからの熱損失も定常状態にあると仮定して、40tonの溶鋼の温度が2,850°Fに低下するまでの時間を推定せよ。外気温度を70°Fとする。

metal, sand is shoveled on to its surface. By this time the temperature gradients in the ladle refractory are virtually established, and the temperature of the metal, which may be considered uniform, is 2,890°F. If as a first approximation, it is assumed that heat losses from the ladle are at steady state, calculate the time required for the 40 ton of steel to cool to 2,850°F (Air temperature = 70°F).

以下に計算条件を示す。
レードルは外径が5.5ftの円柱であると簡易化する。レードルのコーナーにおける熱移動は無視できるものとする。
計算に使用する諸物性値はこの問題中、もしくはAppendixに掲載している。以下の熱移動に関わる関係式を参考にせよ。

Certain other assumptions will help to facilitate this approximate calculation. In calculating heat losses through the walls, assume that the ladle is cylindrical with a diameter of 5.5 ft. Any heat transfer through corners may be neglected.

Data regarding dimensions of the ladle, thermal conductivities of ladle materials, and thermal properties of liquid steel are given on an accompanying page. Physical properties of air are presented in Appendix (Table A-1) The following heat transfer correlations are available:

1) 垂直の円柱表面の自然対流に伴う熱伝達係数はEq.7-7-1,2で表される。

1) Heat transfer by free convection from vertical cylinders

$$\overline{Nu} = 0.555\ (Gr\,Pr)^{1/4} \qquad (Gr < 10^{9}) \qquad (7\text{-}7\text{-}1)$$

$$\overline{Nu} = 0.0210\ (Gr\,Pr)^{2/5} \qquad (Gr < 10^{10}) \qquad (7\text{-}7\text{-}2)$$

2) 水平の熱板（上向き）からの自然対流による熱移動はEq.7-7-3,4で表される。
なお、ここで水平平板（円板）の代表直径はレードル内溶鋼表面の径Dの0.9倍となる。

2) Heat transfer by free convection from warm plates facing upward

$$\overline{Nu} = 0.54\ (Gr_L\,Pr)^{1/4} \qquad (10^5 < Gr < 2(10^7)) \qquad (7\text{-}7\text{-}3)$$

$$\overline{Nu} = 0.14\ (Gr_L\,Pr)^{1/3} \qquad (2(10^7) < Gr < 3(10^{10})) \qquad (7\text{-}7\text{-}4)$$

where for horizontal discs $L = 0.9\,D$, where D is the diameter of the disc.

3) 水平の熱板（下向き）からの自然対流による熱移動はEq.7-7-5で表される。

3) Heat transfer by free convection from warm plates facing downward

$$\overline{Nu} = 0.27\ (Gr_L\,Pr)^{1/4} \qquad \text{where } L = 0.9\,D \qquad (7\text{-}7\text{-}5)$$

To calculate Grashof numbers and radiative heat transfer coefficients an estimate of surface temperatures of the ladle shell must be made. From experience you might guess the surface temperature of the steel shell to be 400°F, while that of the sand, 600°F (These temperatures should not be used to calculate overall heat losses). The geometric shape and emissivity factor, $F_{1\text{-}2}$ for the steel shell is about 0.8 and for the sand, 0.7. Compare the time you have calculated to that obtained from the graph of Henzel and Keverian.

Grashof数や輻射熱伝達係数を計算するに当たっては物質の表面温度のデータが必要である。操業経験からレードルの鉄皮（外壁の被覆鉄）の温度は400°F、溶鋼の上に添加した砂の表面温度は600°Fであることを前提に推算することができる。また形態係数については鉄皮表面、砂表面についてそれぞれ0.8、0.7とする。算出した時間については Henzelらの実験結果と比較して考察せよ。

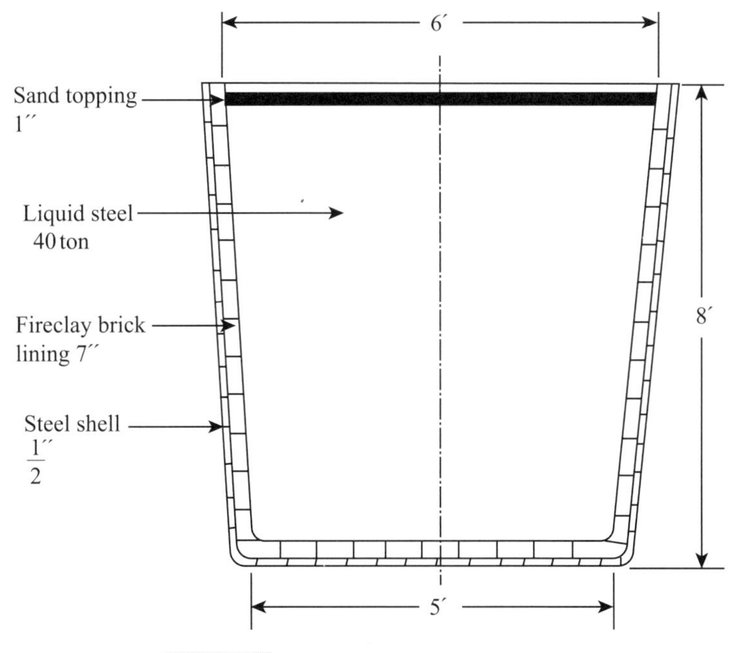

Fig. 7-7-1 Cross section of 40ton-Ladle. (not to scale)

Fig.7-7-1 計算で使用するレードルの幾何学的特徴

Thermal conductivities of ladle materials

Steel shell (k_{ss}) $=26$ Btu hr^{-1} ft^{-1} °F^{-1}

Fireclay brick (k_{ref}) $=0.95$ Btu hr^{-1} ft^{-1} °F^{-1}

Sand (k_{sand}) $=1.15$ Btu hr^{-1} ft^{-1} °F^{-1}

レードルを構成する材料の熱伝導率は、鉄皮、耐火物レンガ、砂、それぞれ左記の通りである。

Thermal properties of liquid steel

Thermal conductivity (k_s) $=17$ Btu hr^{-1} ft^{-1} °F^{-1}

Specific heat (C_p) $=0.17$ Btu lb^{-1} °F^{-1}

溶鋼の熱伝導率、比熱は、それぞれ左記のとおりである。

大気の物性ついてはAppendixのTable A-1を参照のこと。

Regarding the properties of air, see the Table A-1 in Appendix.

Fig.7-7-2はHenzel らによって測定された、レードル中溶鋼の温度低下に及ぼす、保持時間、溶鋼量の影響である。

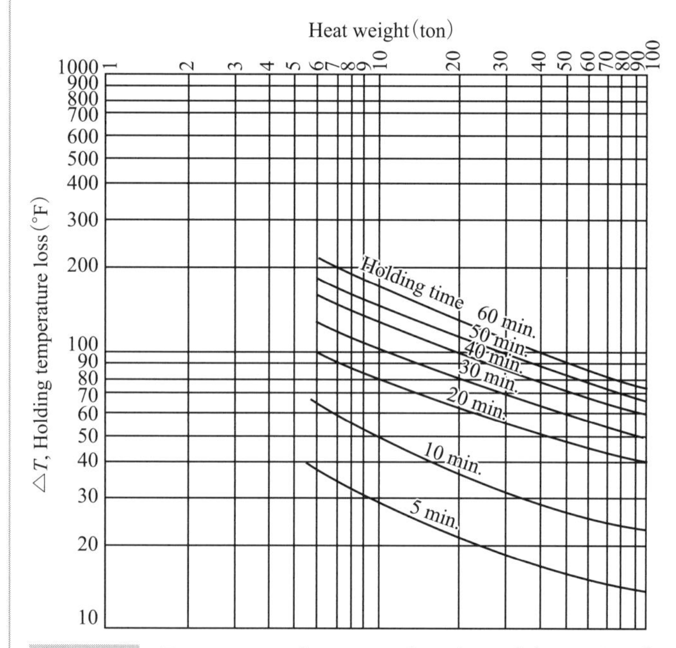

Fig. 7-7-2 Temperature loss as a function of heat size for various holding time.

Problem 7 / Solution

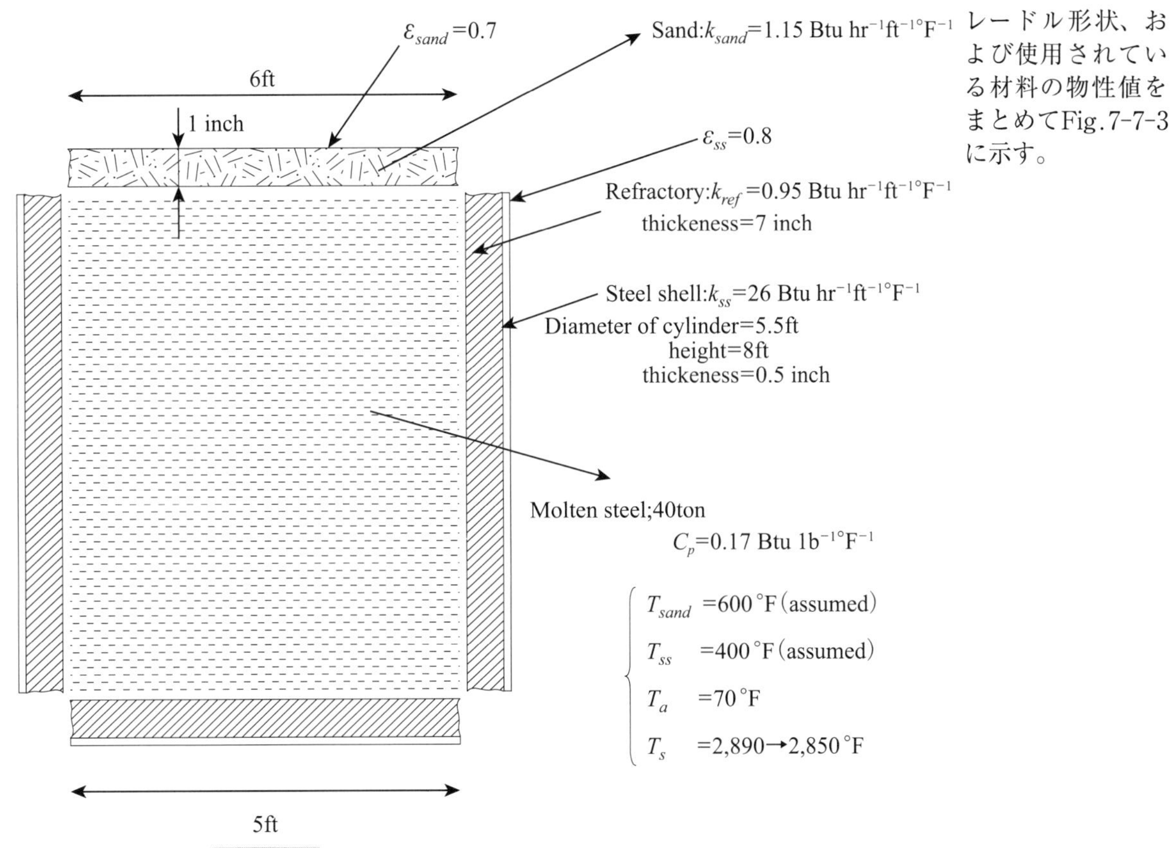

レードル形状、および使用されている材料の物性値をまとめてFig.7-7-3に示す。

Fig. 7-7-3 Schematic representation of ladle geometry.

(1) Heat transfer from the vertical cylinder

(1) レードル側面(垂直の円柱)からの熱損失

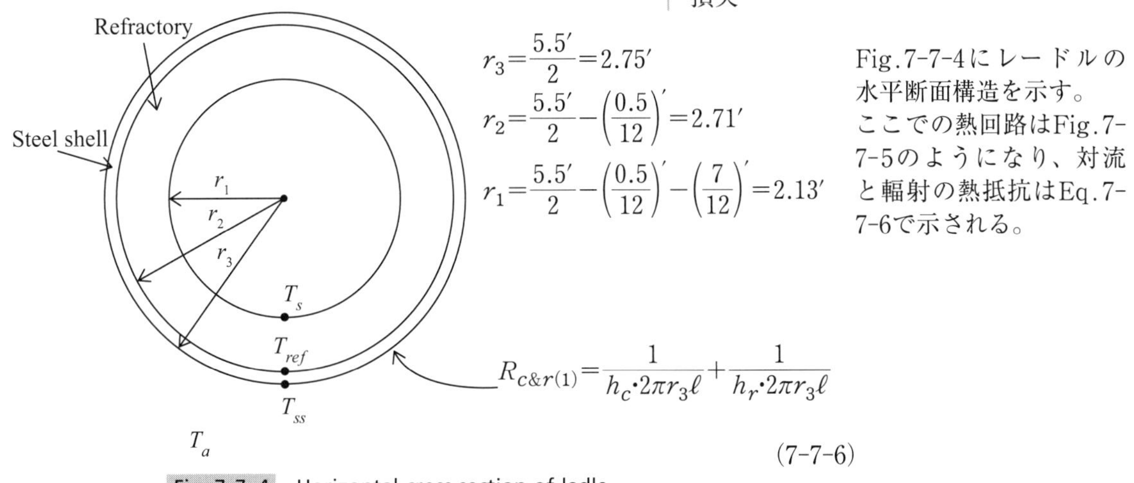

$$r_3=\frac{5.5'}{2}=2.75'$$

$$r_2=\frac{5.5'}{2}-\left(\frac{0.5}{12}\right)'=2.71'$$

$$r_1=\frac{5.5'}{2}-\left(\frac{0.5}{12}\right)'-\left(\frac{7}{12}\right)'=2.13'$$

Fig.7-7-4にレードルの水平断面構造を示す。ここでの熱回路はFig.7-7-5のようになり、対流と輻射の熱抵抗はEq.7-7-6で示される。

$$R_{c\&r(1)}=\frac{1}{h_c\cdot 2\pi r_3\ell}+\frac{1}{h_r\cdot 2\pi r_3\ell} \tag{7-7-6}$$

Fig. 7-7-4 Horizontal cross section of ladle.

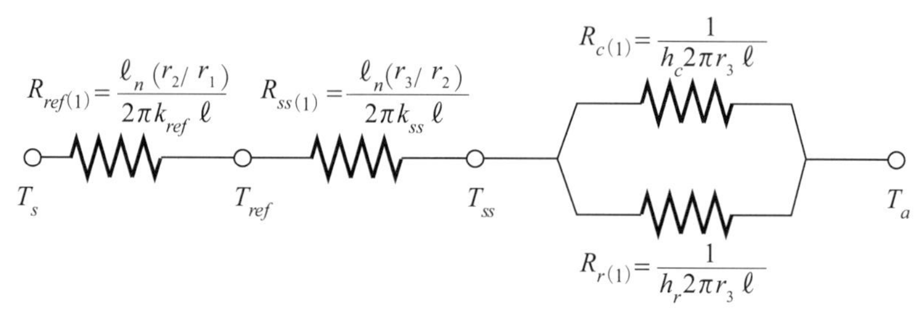

Fig. 7-7-5 Thermal circuit for the heat loss from the ladle side wall.

a) $R_{c(1)}$ 対流による熱抵抗
得られたGr数とPr数、および熱伝導率からNu数を求め、これから自然対流による熱伝達係数$h_{c(1)}$、さらに対流による熱抵抗$R_{c(1)}$を求める事ができる。

［記号］β ：空気の膨張係数
ν ：空気の動粘性係数
k ：空気の熱伝導率

a) $R_{c(1)}$

$$\mathrm{Gr}=\frac{\beta g D^3 \Delta T}{\nu^2}$$

$$\Delta T=400-70=330\ (^\circ\mathrm{F})$$

$$\frac{g\beta}{\nu^2}=0.708\times 10^6\left(\frac{1}{\mathrm{ft}^3\cdot{}^\circ\mathrm{F}}\right) \quad \text{at} \quad \frac{400+70}{2}=235\ (^\circ\mathrm{F})$$

$$D=8\ (\mathrm{ft})$$

$$\therefore \mathrm{Gr}=11.96\times 10^{10}$$

$$\mathrm{Pr}=0.72$$

$$k=0.0181\left(\frac{\mathrm{Btu}}{\mathrm{hr}\cdot\mathrm{ft}\cdot{}^\circ\mathrm{F}}\right) \quad \text{at } 235\ ^\circ\mathrm{F}$$

$$\therefore \mathrm{Nu}=0.0210(\mathrm{Gr}\cdot\mathrm{Pr})^{2/5}=497$$

$$\therefore h_{c(1)}=\frac{\mathrm{Nu}\cdot k}{D}=\frac{497\times 0.0181}{8}=1.124\left(\frac{\mathrm{Btu}}{\mathrm{hr}\cdot\mathrm{ft}^2\cdot{}^\circ\mathrm{F}}\right)$$

$$\therefore R_{c(1)}=\frac{1}{1.124\times\pi\times 5.5\times 8}=6.44\times 10^{-3}\left(\frac{\mathrm{hr}\cdot{}^\circ\mathrm{F}}{\mathrm{Btu}}\right)$$

b) $R_{ref(1)}$耐火物による熱抵抗

b) $R_{ref(1)}$

$$R_{ref(1)}=\frac{\ln(2.71/2.13)}{2\pi\times 8\times 0.95}=\frac{0.2408}{2\pi\times 8\times 0.95}=5.05\times 10^{-3}\left(\frac{\mathrm{hr}\cdot{}^\circ\mathrm{F}}{\mathrm{Btu}}\right)$$

c) $R_{ss(1)}$ 鉄皮による熱抵抗

c) $R_{ss(1)}$

$$R_{ss(1)}=\frac{\ln\left(\frac{2.75}{2.71}\right)}{2\pi\times 8\times 26}=1.12\times 10^{-5}\left(\frac{\mathrm{hr}\cdot{}^\circ\mathrm{F}}{\mathrm{Btu}}\right)$$

d) $R_{r(1)}$ 輻射による熱抵抗
疑輻射熱伝達係数から推定
$\mathcal{F}_{1-2}$は形態係数である。

d) $R_{r(1)}$

Raskin (°F＋460)

$$h_{r(1)}=\mathcal{F}_{1-2}\sigma(T_{ss}{}^2+T_a{}^2)(T_{ss}+T_a)$$

$$=0.8\times 0.1712\times 10^{-8}\times(860^2+530^2)(860+530)$$

$$=1.944\left(\frac{\mathrm{Btu}}{\mathrm{hr}\cdot\mathrm{ft}^2\cdot{}^\circ\mathrm{F}}\right)$$

$$\therefore R_{r(1)}=\frac{1}{1.944\times\pi\times 5.5\times 8}=3.72\times 10^{-3}\left(\frac{\mathrm{hr}\cdot{}^\circ\mathrm{F}}{\mathrm{Btu}}\right)$$

レードル側面での全熱抵抗$R_{total(1)}$は7.42×10^{-3} (hr·°F/Btu)と求められる。

$$\therefore R_{total(1)}=R_{ref(1)}+R_{ss(1)}+\underbrace{\frac{1}{\left(\frac{1}{R_{c(1)}}+\frac{1}{R_{r(1)}}\right)}}_{R_{c\,\&\,r(1)}} \qquad (7\text{-}7\text{-}7)$$

$$=5.05\times 10^{-3}+1.12\times 10^{-5}+2.36\times 10^{-3}$$

$$=7.42\times 10^{-3}\left(\frac{\mathrm{hr}\cdot{}^\circ\mathrm{F}}{\mathrm{Btu}}\right)$$

ここで、以上の計算で求めた熱抵抗の値

$$\dot{q}_{(1)}=\frac{1}{R_{total(1)}}(T_s-T_a)=\frac{1}{(R_{ref(1)}+R_{ss(1)})}(T_s-T_{ss})$$
$$=\frac{1}{R_{c\&r(1)}}(T_{ss}-T_a)$$
$$=\frac{1}{7.42\times10^{-3}}(2{,}870-70)=\frac{1}{5.06\times10^{-3}}(2{,}870-T_{ss})$$
$$=\frac{1}{2.36\times10^{-3}}(T_{ss}-70)$$

をもとに鉄皮の温度を推算すると961℉となり、最初に使用した400℉からかなり高い温度になっている。
続いて、961℉をベースに同様の計算を繰り返し最終的に703℉を得る。
（T_sの値は（2,890＋2,850）/2＝2,870℉を使用した。）

$T_{ss}=961$°F

While this value is higher than "assumed temperature of steel shell, 400°F", the final T_{ss} is estimated by iteration method (calculate new T_{ss} by using old T_{ss}).

繰り返し計算で求めた熱伝達係数や抵抗値を併せて示す。

$T_{ss(1)}=703$°F, where

$$h_{c(1)}=1.15\left(\frac{\text{Btu}}{\text{hr·ft}^2\text{·°F}}\right),\quad R_{c(1)}=6.32\times10^{-3}\left(\frac{\text{hr·°F}}{\text{Btu}}\right)$$

$$h_{r(1)}=3.79\left(\frac{\text{Btu}}{\text{hr·ft}^2\text{·°F}}\right),\quad R_{r(1)}=1.91\times10^{-3}\left(\frac{\text{hr·°F}}{\text{Btu}}\right)$$

$$R_{ref(1)}=5.05\times10^{-3}\left(\frac{\text{hr·°F}}{\text{Btu}}\right),\ R_{ss(1)}=1.12\times10^{-5}\left(\frac{\text{hr·F}}{\text{Btu}}\right)$$

$$R_{total(1)}=6.52\times10^{-3}\left(\frac{\text{hr·°F}}{\text{Btu}}\right)$$

(2) Heat transfer from the bottom

a) $R_{c(2)}$

(2) レードルの底（水平円板）からの熱損失

a) $R_{c(2)}$自然対流によるレードル底部の熱抵抗

(1)と同様にGr数、Pr数からNu数を求める。さらにこのNu数より熱伝達係数h_cを求め、熱抵抗$R_{c(2)}$を得る。

$$\text{Nu}=0.27(\text{Gr·Pr})^{1/4}$$

$$\text{Gr}=\frac{\beta g\Delta TL^3}{\nu^2}$$

where $\frac{\beta g}{\nu^2}=0.708\times10^6\left(\frac{1}{\text{°F·ft}^3}\right)$

at $T=\frac{400+70}{2}=235$ (°F)

$\Delta T=400-70$ (°F)

$L=5\times0.9$ (ft)

$k=0.0181\left(\frac{\text{Btu}}{\text{hr·ft}^2\text{·°F}}\right)$

Pr $=0.72$

$\therefore \text{Gr}=0.708\times10^6\times330\times(5\times0.9)^3=2.129\times10^{10}$

$\text{Nu}=0.27(2.129\times10^{10}\times0.72)^{1/4}=95.00$

$$h_c=\frac{\text{Nu·}k}{L}=\frac{95.00\times0.0181}{5\times0.9}=0.382\left(\frac{\text{Btu}}{\text{hr·ft}^2\text{·°F}}\right)$$

$$\therefore R_{c(2)} = \frac{1}{0.3821 \times \pi \times \left(\frac{5}{2}\right)^2} = 0.133 \left(\frac{\text{hr·°F}}{\text{Btu}}\right)$$

b) $R_{ref(2)}$

レードル底部の耐火物による熱抵抗を求める。ℓ_{ref}は耐火物の厚みである。

$$R_{ref(2)} = \frac{\ell_{ref}}{k_{ref} A_{ref}} = \frac{\frac{7}{12}(\text{ft})}{0.95 \times \pi \times \left(\frac{5}{2}\right)^2} = 0.0313 \left(\frac{\text{hr·°F}}{\text{Btu}}\right)$$

c) $R_{ss(2)}$

レードル底部の鉄皮の熱抵抗を求める。ℓ_{ss}は鉄皮の厚みである。

$$R_{ss(2)} = \frac{\ell_{ss}}{k_{ss} A_{ss}} = \frac{\frac{0.5}{12}(\text{ft})}{26 \times \pi \times \left(\frac{5}{2}\right)^2} = 8.16 \times 10^{-5} \left(\frac{\text{hr·°F}}{\text{Btu}}\right)$$

d) $R_{r(2)}$

レードル底部の輻射の熱抵抗を求める。熱伝達係数$h_{r(2)}$は(1)の$h_{r(1)}$と等しい。

$$h_{r(2)} = h_{r(1)} = 1.944$$

$$R_{r(2)} = \frac{1}{1.944 \times \pi \times \left(\frac{5}{2}\right)^2} = 0.0262 \left(\frac{\text{hr·°F}}{\text{Btu}}\right)$$

レードル底部の全熱抵抗はEq.7-7-8のように求まる。

$$\therefore R_{total(2)} = R_{ref(2)} + R_{ss(2)} + \frac{1}{\frac{1}{R_{c(2)}} + \frac{1}{R_{r(2)}}} \quad (7\text{-}7\text{-}8)$$

$$= 0.0313 + 8.16 \times 10^{-5} + \frac{1}{\frac{1}{0.0262} + \frac{1}{0.1333}}$$

$$= 0.0313 + 0.00008 + 0.0219 = 0.0533 \left(\frac{\text{hr·°F}}{\text{Btu}}\right)$$

ここで、得られた抵抗値よりレードル底の鉄皮温度を推算すると1,220℉と、最初の計算で使用した値を大幅に上回る。

$$\dot{q}_{(2)} = \frac{1}{R_{total(2)}}(T_s - T_a) = \frac{1}{(R_{ref} + R_{ss})}(T_s - T_{ss})$$

$$= \frac{1}{R_{c\&r(2)}}(T_{ss} - T_a)$$

$$= \frac{1}{0.0533}(2{,}870 - 70) = \frac{1}{0.0313 + 0.0001}(2{,}870 - T_{ss})$$

$$= \frac{1}{0.0219}(T_{ss} - 70)$$

$$T_{ss} = 1{,}220\,℉$$

This value is very high compared with "assumed temperature of steel shell, 400℉".

次に得られた表面温度をベースに再度計算を行い780℉という値を得た。
繰り返し計算において得られた熱伝達係数、抵抗値を示す。
最終的にレードル底部の全抵抗は4.19×10^{-2} (hr・℉/Btu)と求まる。

By using this first derived T_{ss}, an iteration method is also applied to determine the final T_{ss} as 780℉, where

$$h_{c(2)} = 0.429 \left(\frac{\text{Btu}}{\text{hr·ft}^2\text{·°F}}\right),\ R_{c(2)} = 0.117 \left(\frac{\text{hr·°F}}{\text{Btu}}\right)$$

$$h_{r(2)} = 4.41 \left(\frac{\text{Btu}}{\text{hr·ft}^2\text{·°F}}\right),\ R_{r(2)} = 1.16 \times 10^{-2} \left(\frac{\text{hr·°F}}{\text{Btu}}\right)$$

$$R_{ref(2)} = 3.13 \times 10^{-2} \left(\frac{\text{hr·°F}}{\text{Btu}}\right),\ R_{ss(2)} = 8.17 \times 10^{-5} \left(\frac{\text{hr·°F}}{\text{Btu}}\right)$$

$$R_{total(2)} = 4.19 \times 10^{-2} \left(\frac{\text{hr·°F}}{\text{Btu}}\right)$$

(3) Heat transfer from the top

a) $R_{c(3)}$

$$\mathrm{Nu}=0.14(\mathrm{Gr}\cdot\mathrm{Pr})^{1/3}$$

$$\mathrm{Gr}=\frac{\beta g \Delta T L^3}{\nu^2}$$

where $\frac{\beta g}{\nu^2}=5.60\times10^4\left(\frac{1}{°\mathrm{F}\cdot\mathrm{ft}^3}\right)$

at $T=\frac{600+70}{2}=335\ (°\mathrm{F})$

$\Delta T=600-70\ (°\mathrm{F})$

$L=6\times0.9\ (°\mathrm{F})$

$k=0.0200\left(\frac{\mathrm{Btu}}{\mathrm{hr}\cdot\mathrm{ft}\cdot°\mathrm{F}}\right)$

$\mathrm{Pr}=0.703$

$\therefore \mathrm{Gr}=5.60\times10^4\times530\times(6\times0.9)^3=4.67\times10^9$

$\therefore \mathrm{Nu}=0.14(4.67\times10^9\times0.703)^{1/3}=208.1$

$$h_{c(3)}=\frac{\mathrm{Nu}\cdot k}{L}=\frac{208.1\times0.020}{6\times0.9}=0.771\left(\frac{\mathrm{Btu}}{\mathrm{hr}\cdot\mathrm{ft}^2\cdot°\mathrm{F}}\right)$$

$$\therefore R_{c(3)}=\frac{1}{0.771\times\pi\times\left(\frac{6}{2}\right)^2}=0.0459\left(\frac{\mathrm{hr}\cdot\mathrm{F}}{\mathrm{Btu}}\right)$$

b) R_{sand}

$$R_{sand}=\frac{\ell_{sand}}{k_{sand}A_{sand}}=\frac{\frac{1}{12}}{1.15\times\pi\times\left(\frac{6}{2}\right)^2}=2.564\times10^{-3}\left(\frac{\mathrm{hr}\cdot\mathrm{F}}{\mathrm{Btu}}\right)$$

c) $R_{r(3)}$

$$h_{\mathrm{r}(3)}=0.7\times0.1712\times10^{-8}\times(1{,}060^2+530^2)\times(1{,}060+530)=2.676\left(\frac{\mathrm{Btu}}{\mathrm{hr}\cdot\mathrm{ft}^2\cdot\mathrm{R}}\right)$$

$$R_{r(3)}=\frac{1}{2.676\times\pi\times\left(\frac{6}{2}\right)^2}=0.0132\left(\frac{\mathrm{hr}\cdot\mathrm{F}}{\mathrm{Btu}}\right)$$

$$\therefore R_{total(3)}=R_{sand}+\frac{1}{\frac{1}{R_{c(3)}}+\frac{1}{R_{r(3)}}} \quad (7\text{-}7\text{-}9)$$

$$=2.564\times10^{-3}+\frac{1}{\frac{1}{0.0459}+\frac{1}{0.0132}}$$

$$=2.564\times10^{-3}+0.0103=0.0128\left(\frac{\mathrm{hr}\cdot\mathrm{F}}{\mathrm{Btu}}\right)$$

$$\dot{q}_{(3)}=\frac{1}{R_{total(3)}}(T_s-T_a)=\frac{1}{R_{sand}}(T_s-T_{sand})$$

$$=\frac{1}{R_{c\&r(3)}}(T_{sand}-T_a)$$

$$=\frac{1}{0.0129}(2{,}870-70)=\frac{1}{0.0026}(2{,}870-T_{sand})$$

(3) レードルトップからの熱損失

a) $R_{c(3)}$　ここでも先と同様Gr数、Pr数よりNu数を計算し、自然対流による熱伝達係数を推算する。

これより熱伝達係数と熱抵抗を得る。

b) R_{sand}

c) $R_{r(3)}$

レードルトップにおける熱抵抗$R_{r(3)}$は0.0132 (hr・F/Btu) と求まり、また全熱抵抗$R_{total(3)}$は0.0128 (hr・F/Btu) となる。
ここで、得られた抵抗値から砂の表面温度を計算すると2,323℉と、これも最初に用いた温度600℉を大きく上回っている。

$$=\frac{1}{0.0103}(T_{sand}-70)$$

$$T_{ss}=2{,}306\ (°F)$$

This value is also very high compared with “assumed temperature of sand, 600°F”.

この温度をベースに再度表面温度を計算すると1,491°Fが得られた。
この時の熱伝達係数、抵抗値を添付する。

If an iteration method is also applied to determine the final T_{sand} by using this first calculated T_{sand}, it will be 1,491°F, where

$$h_{c(3)}=1.46\left(\frac{\text{Btu}}{\text{hr}\cdot\text{ft}^2\cdot°\text{F}}\right),\qquad R_{c(3)}=0.0243\left(\frac{\text{hr}\cdot°\text{F}}{\text{Btu}}\right)$$

$$h_{r(3)}=12.15\left(\frac{\text{Btu}}{\text{hr}\cdot\text{ft}^2\cdot°\text{F}}\right),\qquad R_{r(3)}=2.91\times10^{-3}\left(\frac{\text{hr}\cdot°\text{F}}{\text{Btu}}\right)$$

$$R_{sand}=2.55\times10^{-3}\left(\frac{\text{hr}\cdot°\text{F}}{\text{Btu}}\right)$$

$$R_{total(3)}=5.15\times10^{-3}\left(\frac{\text{hr}\cdot°\text{F}}{\text{Btu}}\right)$$

Total heat transfer and the steel temperature loss determination

続いてレードル全熱抵抗の算出と温度低下の推算を行う

Fig.7-7-6にこの系の全熱抵抗を計算推算するための熱回路を示す。

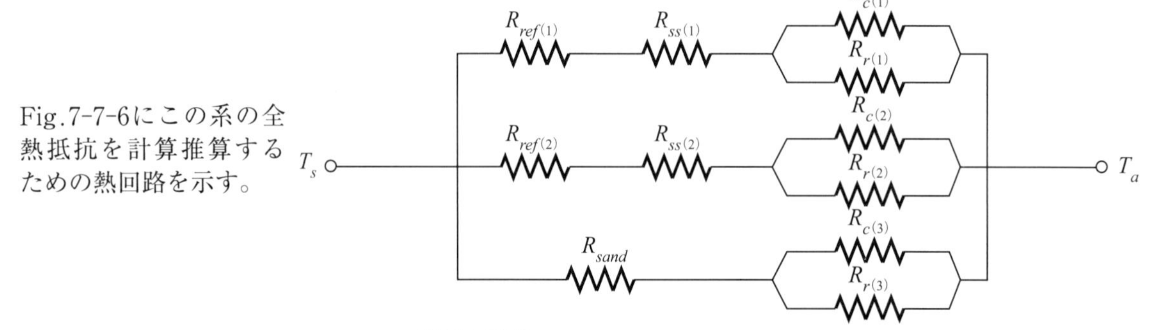

Fig. 7-7-6 Thermal circuit for the heat loss from the ladle.

先に示した(1)～(3)の抵抗をまとめると系全体の熱抵抗R_{total}は2.69×10^{-3} (hr・°F/Btu)と求まる。

$$\frac{1}{R_{total}}=\frac{1}{R_{total(1)}}+\frac{1}{R_{total(2)}}+\frac{1}{R_{total(3)}} \tag{7-7-10}$$

$$=\frac{1}{6.524\times10^{-3}}+\frac{1}{4.190\times10^{-2}}+\frac{1}{5.146\times10^{-3}}$$

$$\therefore R_{total}=2.69\times10^{-3}\left(\frac{\text{hr}\cdot°\text{F}}{\text{Btu}}\right)$$

系全体の熱収支はEq.7-7-11で表される。これを積分して、温度低下にかかる時間はEq.7-7-12となり35分となる。

$$\frac{1}{R_{total}}(T_s-T_a)=C_p\rho_{steel}V_{steel}\frac{dT_s}{dt} \tag{7-7-11}$$

$$\therefore\frac{1}{R_{total(2)}\cdot C_p\cdot\rho_{steel}\cdot V_{steel}}\int_0^t dt=\int_{T_{s1}}^{T_{s2}}\frac{1}{(T_s-T_a)}dt \tag{7-7-12}$$

$$\therefore t=R_{total}\cdot C_p\cdot\rho_{steel}\cdot V_{steel}\ \ln\left(\frac{T_{s2}-T_a}{T_{s1}-T_a}\right)$$

$$=0.58\ (\text{hr})=35(\text{min})$$

［記号］
ρ_{steel} ：溶鋼の密度
V_{steel} ：溶鋼の体積
T_{s_1} ：溶鋼の初期温度
T_{s_2} ：時間t経過後の溶鋼温度

Compared with the experimental data in the reference, the time calculated is much longer. This may be due to the differences in the experimental conditions.

この値は参考データと比較して少々長い値となっている。
以上の計算結果はあくまで推算であり物性値や接触抵抗について再考の余地はあると考えられる。

Problem 8

Application of Momentum–Heat Transfer Analogy

管壁の温度が一定に保たれているホットパイプの中を通過する流体を考える。

Consider the case of fluid flowing through a hot pipe that has a constant wall temperature.

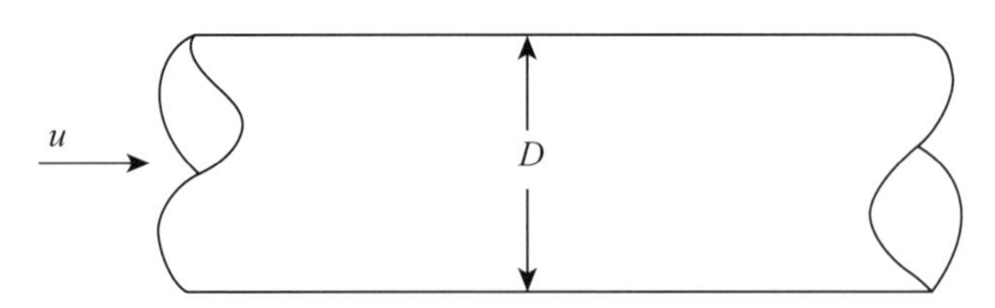

Fig. 7-8-1 Flow in a hot pipe which has an inner diameter of D.

流体中では半径方向に温度分布が無いと仮定し、軸方向の温度分布とStanton数を関係付ける式を導出しなさい。
熱伝達係数hに関する情報無しに、どのように温度プロフィールをすべきか提案しなさい。

Assuming that there are no radial temperature gradients in the fluid, derive an expression that relates the axial fluid temperature profile to the Stanton number. Without values of h how would you calculate the temperature profile?

Problem 8 / Solution

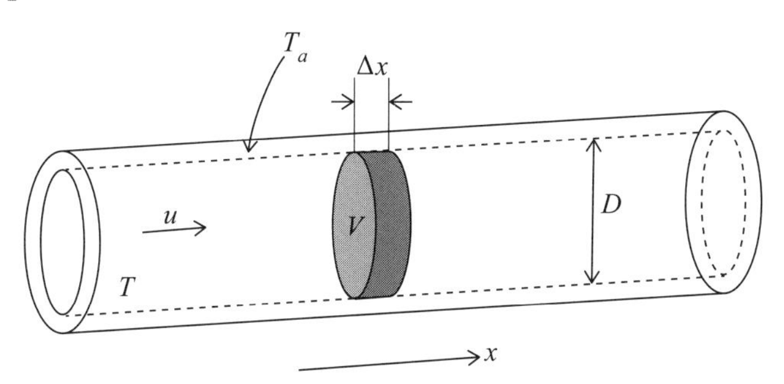

Fig. 7-8-2 Control volume of V in the flow.

D: diameter of the heat pipe

u : fluid velocity

T_a: wall temperature

T: temperature of fluid

ρ : density of fluid

μ : viscosity of fluid

h_c: heat transfer coefficient between wall and fluid

C_p: specific heat of fluid

A heat balance in the control volume V is,

Fig.7-8-2 に示すような体積要素を考える。
Vにおける熱収支はEq.7-8-1で表される。

$$h_c \pi D \Delta x (T_a - T) = \rho C_p \left(\frac{D}{2}\right)^2 \pi \Delta x \frac{dT}{dt} \quad (7\text{-}8\text{-}1)$$

$$\therefore (T_a - T) = \frac{\rho C_p D}{4h_c} \frac{dT}{dt} \quad (7\text{-}8\text{-}2)$$

$$\int_{T=T_0}^{T=T} \frac{1}{T_a - T} \mathrm{dT} = \int_{t=0}^{t=t} \frac{4h}{\rho C_p D} dt \quad (7\text{-}8\text{-}3)$$

$$\ln \frac{T_a - T}{T_a - T_0} = -\frac{4h}{\rho C_p D} t \quad (7\text{-}8\text{-}4)$$

$$\frac{T_a - T}{T_a - T_0} = \exp\left(-\frac{4ht}{\rho C_p D}\right) \quad (7\text{-}8\text{-}5)$$

流体の温度が（$T - T_0$）だけ時間 t の間に変化する関係はEq.7-8-5で示される。ここで$t=x/u$であることから、Eq.7-8-5はEq.7-8-7のように変形される。

$$\text{Since } t = \frac{x}{u} \quad (7\text{-}8\text{-}6)$$

$$\frac{T_a - T}{T_a - T_0} = \exp\left(-\frac{4x}{D} \underbrace{\frac{h}{\rho C_p u}}_{\text{St}}\right) = \exp\left(-\frac{4S_t}{D} x\right) \quad (7\text{-}8\text{-}7)$$

ここで$h/\rho C_p u$はSt数であるため、xの関数としての温度はEq.7-8-8で表される。

$$T = T_a - (T_a - T_0)\exp\left(-\frac{4S_t}{D}x\right) \qquad (7\text{-}8\text{-}8)$$

熱伝達係数 h_c については以下のように推定することができる。
1) 円管内の流れが層流の場合Eq.7-8-9のSieder and Tateの関係式を適用できることが知られている。なお粘度以外の流体の全ての物性値はバルクの温度の値を用いる。

In case of laminar flow, h_c can be evaluated from an empirical correlation by Sieder and Tate.

$$Nu = \frac{h_c D}{k} = 1.86(Re\ Pr)^{0.33}\left(\frac{D}{L}\right)^{0.33}\left(\frac{\mu_b}{\mu_s}\right)^{0.14} \qquad (7\text{-}8\text{-}9)$$

All properties are evaluated at bulk temperature (T_b) except μ_b (in bulk) and μ_s (near wall).

2) 円管内の流れが乱流の場合Eq.7-8-10の関係式が知られている。なお、ここでは流体の全ての物性値は管壁温度とバルク温度の平均値、管入側と出側の温度の平均値を使用する。

On the other hand h_c in turbulent flow is estimated from Nusselt number of turbulent flow in a tube is given by

$$Nu = 0.023 Re^{0.8} Pr^{n} \qquad (7\text{-}8\text{-}10)$$

$n = 0.3$ or 0.4 (see page 57)

In this case, all properties should be evaluated at a mean film temperature, T_f, average between the wall temperature and the bulk fluid temperature, evaluated halfway between inlet and outlet.

$$T_f = \frac{T_s + T_{b(av)}}{2} \qquad (7\text{-}8\text{-}11)$$

$$T_{b(av)} = \frac{T_{b(in)} + T_{b(out)}}{2} \qquad (7\text{-}8\text{-}12)$$

Problem 9

Comparison of Heat Transfer Coefficient for Boiling and That for Ordinary Convection in a Tube

Heat transfer coefficients for boiling, h_b, are usually large compared with those for ordinary convection. Estimate the flow velocity which would be necessary to produce a value of h_b for forced convection through a smooth 6.4 mm diameter copper tube comparable with that which could be obtained by pool boiling with a surface excess temperature of 16.7℃ at an absolute pressure of 100 psia with water as the fluid.

（Note: Temperature of bulk flow is 20℃）

一般に沸騰熱伝達係数は、対流熱伝達係数に比べてかなり大きい。
内壁が滑らかな内径6.4mmの銅製の円管内に強制対流がある場合、同じ円管内で沸騰が生じる際の熱伝達係数と同等な値を得るための流速を推算せよ。
この円管内での水の沸騰は表面過熱温度16.7℃、絶対圧力100psiaで生じているものとする。

Problem 9 / Solution

核沸騰における熱流束を推定するにあたってRohsenowの式(Eq.7-9-1)を適用する。

$$\frac{C_{p_\ell}\Delta T_x}{h_{fg}\mathrm{Pr}_\ell^{1.7}}=C_{sf}\left[\frac{\left(\frac{\dot{q}}{A}\right)}{\mu_\ell h_{fg}}\sqrt{\frac{\sigma}{g(\rho_\ell-\rho_v)}}\right]^{0.33} \quad (7\text{-}9\text{-}1)$$

* Boiling temperature of water is about 180℃ at 100 psia.

100 psia (6.8 atm、0.7 MPa) における水の沸騰温度は180℃である。
この銅板の表面温度は、表面過剰温度を考慮すると180+16.7=196.7℃となる。
この温度におけるρ_vは3.67 kg/m^{3}である。その他の物性値は右記のとおりである。
記号は第6章第2節を参照のこと。

(1) where

$C_{sf}=0.0130$

$\sigma=41.8\times10^{-3}\left(\frac{\mathrm{N}}{\mathrm{m}}\right)$

$h_{fg}=2.257\times10^{6}\left(\frac{\mathrm{J}}{\mathrm{kg}}\right)$

$\mu_\ell=166.8\times10^{-6}\left(\frac{\mathrm{Ns}}{\mathrm{m}^2}\right)$

$C_{p_\ell}=4{,}443\left(\frac{\mathrm{J}}{\mathrm{kg\cdot K}}\right)$

$k_\ell=0.668\left(\frac{\mathrm{W}}{\mathrm{m\cdot K}}\right)$

$\rho_\ell=881.9\left(\frac{\mathrm{kg}}{\mathrm{m}^3}\right)$

$\rho_v=3.7\left(\frac{\mathrm{kg}}{\mathrm{m}^3}\right)$ ←(This value is at 100 psia)

$g=9.8\left(\frac{\mathrm{m}}{\mathrm{sec}^2}\right)$

これより、沸騰時の熱流束$(\dot{q}/A)_b$は、Eq.7-9-2のように1.63×10^6 W/m^{2}となる。

$$\therefore\frac{4{,}443\times16.7}{2.257\times10^{6}\left(\frac{166.8\times10^{-6}\times4{,}443}{0.668}\right)^{1.7}}$$

$$=0.013\times\left\{\frac{\left(\frac{\dot{q}}{A}\right)_b}{166.8\times10^{-6}\times2.257\times10^{6}}\sqrt{\frac{0.0418}{9.8(881.9-3.7)}}\right\}^{0.33}$$

$$\therefore\left(\frac{\dot{q}}{A}\right)_b=1.63\times10^{6}\,\frac{\mathrm{W}}{\mathrm{m}^2} \quad (7\text{-}9\text{-}2)$$

一方、円管内の乱流熱伝達係数はEq.7-9-3からEq.7-9-4のように求めることができる。

$$\therefore\bar{h}_b=\frac{1.63\times10^{6}}{16.7}=0.976\times10^{5}\,\frac{\mathrm{W}}{\mathrm{m^2\cdot K}}$$

While, according to Dittus-Boelter's equation,

$$\mathrm{Nu}=0.023(\mathrm{Re})^{0.8}\mathrm{Pr}^{0.4} \quad (7\text{-}9\text{-}3)$$

$$\bar{h}_c=\frac{k_\ell}{D}0.023\left(\frac{\rho_\ell vD}{\mu_\ell}\right)^{0.8}\left(\frac{\mu_\ell C_{p_\ell}}{k_\ell}\right)^{0.4} \quad (7\text{-}9\text{-}4)$$

この場合、銅壁の温度は197℃、バルク

where v is the velocity of fiuid in a tube.

In this case temperature of the surface of copper wall is $(180+16.7)$℃ and temperature of bulk water is 20℃. Therefore we should use the thermodynamic properties of water at $108.35℃\left(\frac{196.7+20}{2}\right)$.

$$\mu_\ell=278\times10^{-6}\left(\frac{\mathrm{N\cdot s}}{\mathrm{m^2}}\right)$$

$$C_{p_\ell}=4{,}211\left(\frac{\mathrm{J}}{\mathrm{kg\cdot K}}\right)$$

$$k_\ell=0.682\left(\frac{\mathrm{W}}{\mathrm{m\cdot K}}\right)$$

$$\rho_\ell=958.4\left(\frac{\mathrm{kg}}{\mathrm{m^3}}\right)$$

$$D=6.4\times10^{-3}\ (\mathrm{m})$$

$$\therefore \overline{h}_c=\frac{0.682}{6.4\times10^{-3}}\times0.023\times\left(\frac{958.4\times6.4\times10^{-3}\times v}{278\times10^{-6}}\right)^{0.8}\times1.24 \qquad (7\text{-}9\text{-}5)$$

$\uparrow$

0.976×10^5

$\overline{h}_b=\overline{h}_c$ gives $v=19.5\left(\frac{\mathrm{m}}{\mathrm{sec}}\right)$

の水温は20℃であるため、物性値は(197+20)/2=108℃のものを使用する。使用する物性値を左に示す。

Eq.7-9-5より、流速は19.5m/sと求められる。

Problem 10

Radiant Energy from the Liquid Metal/Air Interface in an Electric Furnace through the Viewing Glass in the Furnace Wall

直径50 mmのガラス窓が電気炉の壁に設置され、これを通してメタルと表面のスロッピングの観察が行われている(これは1,600℃の黒体を観察しているのと同等である)。
このガラスの透過率は光の波長が0.3から0.8μmの領域では0.35であり、それ以外の波長領域では0である。
この条件において、炉内のメタル表面からこのガラスを通して輻射されるエネルギーの比率を求めよ。

A long 50 mm diameter cylinder of glass is used in the wall of an electric furnace to view the area near the metal / air interface to assess bath slopping. This is equivalent to viewing a black body source at 1,600℃. The transmissivity of the glass is zero except between the wavelengths 0.3μm and 0.8μm where its value is 0.35. Calculate the fraction of the incident radiant energy from the metal/air interfacial area that is transmitted through the glass.

Problem 10 / Solution

When the irradiation is emitted from a blackbody, transmissivity of the glass for the metal's irradiation is expressed by

$$\tau = \frac{0.35\int_{0.3\times10^{-6}}^{0.8\times10^{-6}} E_{b\lambda}d\lambda}{\sigma T^4} \qquad (7\text{-}10\text{-}1)$$

Using the radiation function for a source at 1,873K (1,600+273℃),

$$\lambda_2 T = (0.8\times10^{-6})\times1{,}873 = 1.50\times10^{-3}(\mathrm{m\cdot K}) \qquad (7\text{-}10\text{-}2)$$

$$\lambda_1 T = (0.3\times10^{-6})\times1{,}873 = 0.56\times10^{-3}(\mathrm{m\cdot K}) \qquad (7\text{-}10\text{-}3)$$

By using Table A-10,

$$\tau = 0.35\times(1.376\times10^{-2} - 0.929\times10^{-7})$$
$$= 4.82\times10^{-3} \qquad (7\text{-}10\text{-}4)$$

The transmitted energy from the metal/air interface is

$$\tau\sigma T^4 = (4.82\times10^{-3})\times(5.67\times10^{-8})\times(1873)^4\left(\frac{\mathrm{W}}{\mathrm{m}^2}\right) \qquad (7\text{-}10\text{-}5)$$

Hence the fraction of the incident radiant energy transmitted through the glass is

$$\frac{\tau\sigma T^4}{\sigma T^4} = 4.82\times10^{-3} \qquad (7\text{-}10\text{-}6)$$

輻射が黒体からなされる場合、ガラスの透過率 τ はEq.7-10-1のように表される。

Eq.7-10-1 を計算するためには、AppendixのTable A-10を使って、$\lambda_i T$ から $\int_0^{\lambda_i} E_{b\lambda}d\lambda = f(\lambda_i T)$ を求め、$f(\lambda_{i+1}T) - f(\lambda_i T)$ から $\int_{\lambda_i}^{\lambda_{i+1}} E_{b\lambda}d\lambda$ を求めることができる。

このようにして$\tau=4.82\times10^{-3}$を得る。透過した輻射エネルギーはEq.7-10-5となり、全輻射エネルギーに対しての比率はEq.7-10-6となる。

Chapter VIII
Additional Discussions

[1] Error in measured temperature of liquid flowing in a duct

A thermometric device is being employed to measure the temperature of a liquid flowing in a duct (Fig. 8-1). The device is joined intimately to the duct wall which is at a temperature substantially different from that of the fluid in the duct. Given the following data calculate the error in the recorded temperature at the tip of the device. Assume that at the tip steady state is reached when the temperature is read.

ダクト内に設置された装置により、ダクト中を流れる液体の温度が測定される。測定誤差を予測せよ。

Readout temperature at tip of device	=70 ℃
Temperature of duct wall	=55 ℃
Duct diameter	=50 mm
Immersed length of instrument	=25 mm
Diameter of instrument	=1.5 mm
Thermal conductivity of device	=41.54 W/m℃
Heat transfer coefficient between device and liquid	=28.4 W/m²℃

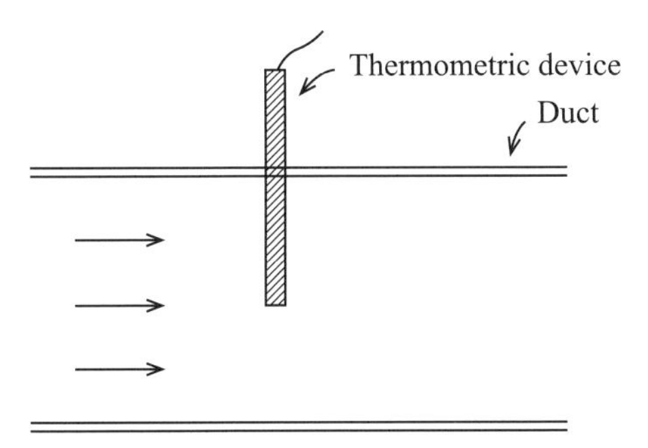

Fig. 8-1 Thermometric device in a duct.

[2] Temperature control of shafts traveling from heating furnace to cooling process

種々の径の長尺シャフトを650℃に加熱し、シャフトが熱処理炉からマシンショップまで運ばれる17分の間に、シャフトの中心温度が460℃以下にならないようにする必要がある。上記条件を満たすシャフトの最小径を求めよ。

It is planned to heat long shafts of various diameters to 650℃ prior to a hot machining operation needed along the shaft centerline. The shafts are transported from the heat treatment area to the machine shop by being suspended from a carrier moving on an overhead rail. The ensuing motion causes the shafts to cool. If the centre temperature is not to drop below 460℃ before the shafts reach the machine shop, find the diameter of the smallest shaft that can be processed given the following conditions.

Time of travel from heat treatment to machine shop
=17 min

Thermal conductivity of shaft material
=17.3 W/m℃

Thermal diffusivity of shaft material
=0.0185 m^2/hr

Surface heat transfer coefficient during travel
=40 W/m^2℃

Ambient air temperature =25 ℃

[3] Heat loss from a rotary kiln in a building

内径2.1m、2層の耐火物厚み(0.23m+0.05m)、およびそれぞれの耐火物の熱伝導率が与えられている。このキルン内部の温度が1,050℃、外気の温度が25℃、キルン外部の熱伝達係数がEq.8-1で与えられる場合、キルン壁面からの熱損失を推算せよ。

A rotary pilot kiln 35m long and 2.1m inside diameter is situated in a semi-enclosed building through which there is a wind blowing at 40km/hr. The wall of the kiln consists of two layers of refractory encased in a steel shell of negligible thermal resistance. Calculate the wall losses during steady state operation given the following information.

Thickness of inner refractory =0.23 m

Thermal conductivity of inner refractory
=1.30 W/m℃

Thickness of outer refractory =0.05 m

Thermal conductivity of outer refractory

$= 0.20\ \mathrm{W/m℃}$

Inside wall temperature $= 1{,}050\ ℃$

Ambient temperature $= 25\ ℃$

Average heat transfer coefficient for a circular cylinder in cross flow with air, $\bar{h}_c$, is given by Eq.8-1.

$$\frac{\bar{h}_c D_o}{k_f} = C\mathrm{Re}_{D_f}^n = C\left(\frac{V_\infty D_o}{\nu_f}\right)^n \tag{8-1}$$

where D_o : the outer diameter of cylinder

k_f : thermal conductivity of air

ν_f : kinetic viscosity of air

V_∞: velocity of air

Re_{D_f}	C	n
0.4-4	0.891	0.330
4-40	0.821	0.385
40-4,000	0.615	0.466
4,000-40,000	0.174	0.618
40,000-400,000	0.0239	0.805

[4] Preheating of water in a tube by a flue gas

The feasibility of preheating water utilizing flue gas is to be investigated using the single tube arrangement shown in Fig. 8-2. Assuming that the bulk flue gas temperature around the tube remains constant at 150℃, calculate the outlet temperature of the water for the steady state conditions given below. Identify the individual thermal resistance and compare their magnitudes. If after a period of time scale forms on the inside of the tube offering an additional thermal resistance of $17.6\ \mathrm{m^2\ ℃/kW}$ and the deposition of soot on the outside constitutes an added thermal resistance of $14.1\ \mathrm{m^2\ ℃/kW}$, calculate the new outlet temperature of the water.

Water temperature at inlet to tube $= 15\ ℃$

Mass flow rate of water $= 45\ \mathrm{kg/hr}$

燃焼ガスの熱を利用して水を予熱する検討がFig.8-2 に示す円管を使って行われた。円管周辺の燃焼ガスの温度は150℃一定であると仮定し、円管出側の水温を求めよ。一定の時間後、スケールが円管内面に形成され熱抵抗が17.6m^2℃/kW上昇し、加えて円管の外側に煤が堆積して熱抵抗が14.1m^2℃/kW上昇した場合、出側の水温の変化を推定せよ。

Specific heat of water $=4.18\,\mathrm{kJ/kg℃}$

Inside diameter of tube $=25\,\mathrm{mm}$

Outside diameter of tube $=33\,\mathrm{mm}$

Tube length $=1\,\mathrm{m}$

Thermal conductivity of tube material

$=0.37\,\mathrm{kW/m℃}$

Heat transfer coefficient on water side of tube

$=1.135\,\mathrm{kW/m^2℃}$

Heat transfer coefficient on flue gas side of tube

$=0.12\,\mathrm{kW/m^2℃}$

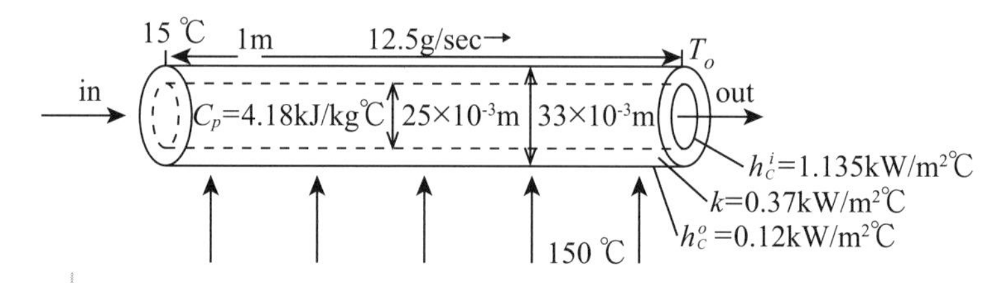

Fig. 8-2 Water flowing in a tube to be preheated by flue gas.

[5] Continuous heating of cylindrical billets in a furnace

22cm径の軟鋼の円柱ビレットを6m長の加熱炉を通過させ200℃から最低760℃まで加熱する。加熱炉のガスは1,550℃で、その際のビレット表面の熱伝達係数が与えられている。加熱炉中を移動する最高速度を求めよ。同じ条件でステンレス鋼を加熱する場合は、最高速度はどのようになるか。

A mild steel cylindrical billet 22 cm in diameter is to be raised to a minimum temperature of 760℃ by passing it through a furnace 6 m long. If the furnace gases are at 1,550℃ and the overall heat transfer coefficient on the outside of the billet is $0.068\,\mathrm{kW/m^2℃}$, determine the maximum speed at which a continuous billet entering at 200℃ can travel through the furnace. If stainless steel billets of the same dimensions are to be heated in the same furnace, what would the maximum speed be ?

Thermal conductivity of mild steel $=0.038\,\mathrm{kW/m℃}$

Density of mild steel $=7{,}844\,\mathrm{kg/m^3}$

Specific heat of mild steel $=0.46\,\mathrm{J/g℃}$

Thermal conductivity of stainless steel

$=0.020\,\mathrm{kW/m℃}$

Density of stainless steel　　=7,812 kg/m^3

Specific heat of stainless steel　　=0.46 J/g℃

[6] Electrical heating of a plate in an air stream

A thin plate 1 meter long is suspended in a stream of air at 25℃. If the electrical power input required to maintain the plate at 160℃ is 3kW, calculate the velocity of the air stream.

Properties of air at the mean film temperature of 92.5℃ are as follows;

Density of air	=0.96 kg/m^3
Specific heat	=1.004 kJ/kg℃
Viscosity	=2.14 (10^{-5}) kg/m sec
Thermal conductivity	=3.01 (10^{-5}) kW/m℃

The local temperature in the air boundary layer adjacent to the plate is given by the following relationship.

$$\frac{T_S - T}{T_S - T_\infty} = 0.332\frac{y}{x}\,\mathrm{Re}_x^{1/2}\mathrm{Pr}^{1/3} \qquad (8\text{-}2)$$

T is the local air temperature, T_S is the surface temperature of the plate and T_∞ is the bulk air temperature. y and x are as indicated in Fig. 8-3.

1m長の薄板が空気の流れの中に吊るされている。この板を160℃一定に保つための電力が3kWである場合の空気の速度を求めよ。
境界層の空気の平均温度92.5℃の物性は左記のとおりである。

薄板表面の空気境界層の温度TはEq.8-2で与えられる。T_sは薄板表面温度、T_∞は大気の温度である。

Fig. 8-3　Coordinate of the plate.

[7] Cooling of Zn-Pb blast furnace slag in a water bath

Zinc fuming of Lead blast furnace slag is carried out in water cooled steel walled furnaces. The furnace is operated such that a layer of slag freezes on to the water cooled walls, which in turn protects the walls from coming directly in contact with the molten slag which is very

鉛を精錬する高炉のスラグの脱亜鉛処理は水冷された鉄製の容器内で行われる。このスラグは水冷された壁面で凝固するため、同時に壁面を侵食から守ることになる。この現象が定常状態にあると仮定し、左記の物性値を用い、スラグの凝固厚みを計算せよ。

corrosive. Assuming that from a heat transfer point of view the process operates at quasi-steady state, calculate the slag shell thickness for the following conditions.

Thermal conductivity of slag	=1.5 W/m°K
Heat transfer coefficient between the molten slag and slag skin	=600 W/m^2°K
Temperature of the bath	=1,250℃
Melting point of the slag	=1,125℃
Cooling water temperature	=50℃
Heat transfer coefficient between the cooling water and steel wall	=15 kW/m^2°K
Thickness of furnace wall	=1 cm
Thermal conductivity of steel	=50 W/m℃

化学反応や燃焼によってスラグ浴の温度が上昇した場合、スラグ凝固厚みはどのように変化するか。

If chemical reactions and combustion phenomena cause the bath temperature to rise, comment on what would happen to the slag skin.

[8] Solidification and successive cooling of Pb-alloy droplets falling through air and water

鉛合金の粒はその溶融合金をタワー上部からスプレーすることによって製造される。合金は空気中を落下する際に320℃から315℃にかけて凝固するよう成分調整されている。その凝固区間においては、凝固潜熱を考慮した実効比熱が用いられる。
この冷却タワーは粒状の合金が落下中に冷却・凝固した直後に100℃の水浴中でさらに冷却されるよう設計されている。
以上の条件、および右記の物性値を用い、合金粒の中心温度が120℃になるまでに必要な時間を計算せよ。

Lead alloy shots may be manufactured by spraying the molten metal droplets which are at the liquidus temperature of 320℃ from the top of a shot tower and allowing the shot to completely solidify while free falling through air. Owing to the alloying elements the metal freezes over the temperature range 320℃ to 315℃ and an effective specific heat of 5.12 kJ/kg℃ could be used over this range to incorporate the release of latent heat. The tower is designed such that as soon as the shot are completely solid they are plunged into a water bath at 100℃ where further cooling occurs. Given the following conditions calculate the time necessary for the center temperature of the shot to reach 120℃.

Specific heat of solid lead	=0.129 kJ/kg℃
Thermal conductivity of lead	=32.7 W/m℃

Density of lead	$=10{,}540\,\mathrm{kg/m^3}$
Diameter of shot	$=3\,\mathrm{mm}$
Heat transfer coefficient in water	$=15{,}000\,\mathrm{W/m^2℃}$
Mean velocity of shot in air	$=10\,\mathrm{m/s}$
Temperature of air	$=35℃$
Temperature of water	$=100℃$

Heat transfer from a sphere to a flowing gas is given by

$$\frac{hd}{k_f}=0.37\left(\frac{U_\infty d}{\nu_f}\right)^{0.6},\quad 17<\mathrm{Re}<70{,}000 \qquad (8\text{-}3)$$

where air properties are evaluated at the mean film temperature.

ここでk_f、ν_fはそれぞれ大気の熱伝導率、動粘性係数（AppendixのTable A-1参照）、dは合金の粒径である。

［9］Heat transfer of liquid metal in a tube

Liquid metals have high thermal conductivities and boiling points and are therefore attractive as coolants in power plants. Liquid sodium flows through 1.25 m long, 20 mm diameter tubes in a reactor core. The inlet temperature and velocity are 250℃ and 8 m/s. If the tube wall temperature is 430℃, determine the temperature increase on the liquid.

For heat transfer between liquid metals and tubes of constant wall temperature

$$\mathrm{Nu}=5.0+0.025(\mathrm{Re\,Pr})^{0.8},\quad \text{for } (\mathrm{Re\,Pr})>1000 \qquad (8\text{-}4)$$

Properties to be evaluated at the bulk temperature of the fluid.

液体金属はその高い熱伝導率と沸点が利点であり、発電所における冷却媒体として期待されている。
液体金属が反応炉内の1.25 m長さ、20 mm径の円管内を流れている。壁面温度が430℃の円管内を8 m/sで流れる場合、入り側で250℃の場合、出側の温度を推算せよ。
円管内壁と液体金属間の熱伝達係数はEq.8-4で与えられる。
液体金属の物性値はAppendixのTable A-2中のNa(Sodium)のバルク温度での値を用いよ。

［10］Schielding effect of thermocouples in a temperature measurement of gas flowing in a duct

A very important application of shielding arises in the measurement of gas temperature. An unshielded thermocouples when inserted into a high temperature air stream flowing in a 100 mm diameter duct recorded a temperature of 290℃ which is erroneously low. This error can be

シールドしていない熱電対を、100 mm径の円管内を流れる高温の空気中にセットした場合、290℃という低い値を示した。この問題は空気と円管壁の輻射を遮断することで解決されると期待されFig.8-4に示すシールドが製作された。

この条件で345℃と測定された場合、真の空気の温度を求めよ。また、ガスとシールド間の熱伝達係数を求めよ。
さらに、このシールドが定常状態に達するに要する時間(応答時間)について求めよ。

considerably reduced by placing a cylindrical shield over the thermocouples in such a manner that the gas flow over the thermocouples is not impeded but radiation from the thermocouples to the wall is blocked. Fig.8-4 shows the typical arrangement. If under these conditions the thermocouples recorded a temperature of 345℃, determine the true gas temperature. Calculate also the convective heat transfer coefficient between the gas and the shields under conditions of thermal balance and use this value to assess the response time of the device (time for shield to reach steady state) if its initial temperature is 25℃.

Diameter of stainless steel shield	=20 mm
Wall thickness of shield	=3 mm
Length of shield	=100 mm
Heat transfer coefficient between the gas and thermocouples	=70 W/m^2℃
Area of thermocouples	=125 mm^2
Emissivity of thermocouple	=0.9
Emissivity of shield	=0.5
Duct wall temperature	=90℃
Density of stainless steel	=7,800 kg/m^3
Specific heat of stainless steel	=0.46 kJ/kg℃

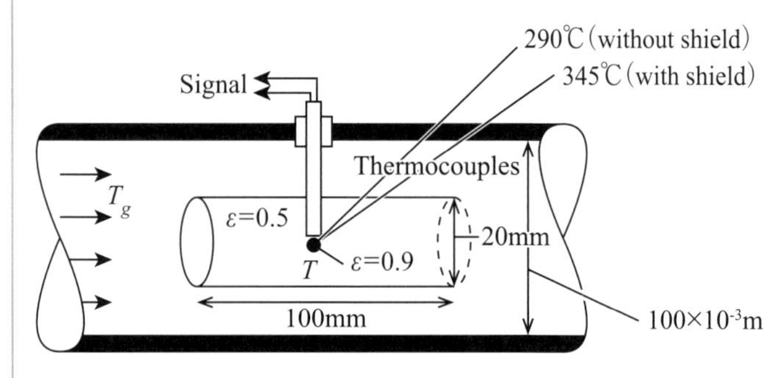

Fig. 8-4 Arrangement of the shield for thermocouples in the tube.

Appendix

Table A-1 Physical properties of dry air at atmospheric pressure.

Temperature	Density	Specific Heat	Absolute Viscosity	Kinematic Viscosity	Thermal Conductivity	Prandtl Number	Thermal Diffusivity	Coefficient of Thermal Expansion	$\frac{g\beta}{\nu^2}$
T (°F)	ρ (lb_m/ft^3)	C_p $\left(\frac{Btu}{lb_m °F}\right)$	$\mu \times 10^5$ (lb_m/ft·s)	$\nu \times 10^5$ (ft^2/s)	k (Btu/hr ft °F)	Pr	α (ft^2/hr)	$\beta \times 10^3$ (1/°F)	$\frac{g\beta}{\nu^2}$ (1/°F ft^3)
0	0.086	0.239	1.110	0.130	0.0133	0.73	0.646	2.18	4.2×10^6
32	0.081	0.240	1.165	0.145	0.0140	0.72	0.720	2.03	3.16
100	0.071	0.240	1.285	0.180	0.0154	0.72	0.905	1.79	1.76
200	0.060	0.241	1.440	0.239	0.0174	0.72	1.20	1.52	0.850
300	0.052	0.243	1.610	0.306	0.0193	0.71	1.53	1.32	0.444
400	0.046	0.245	1.750	0.378	0.0212	0.689	1.88	1.16	0.258
500	0.0412	0.247	1.890	0.455	0.0231	0.683	2.27	1.04	0.159
600	0.0373	0.250	2.000	0.540	0.0250	0.685	2.68	0.943	0.106
700	0.0341	0.253	2.14	0.625	0.0268	0.690	3.10	0.862	70.4×10^3
800	0.0314	0.256	2.25	0.717	0.0286	0.697	3.56	0.794	49.8
900	0.0291	0.259	2.36	0.815	0.0303	0.705	4.02	0.735	36.0
1000	0.0271	0.262	2.47	0.917	0.0319	0.713	4.50	0.685	26.5
1500	0.0202	0.276	3.00	1.47	0.0400	0.739	7.19	0.510	7.45
2000	0.0161	0.286	3.45	2.14	0.0471	0.753	10.2	0.406	2.84
2500	0.0133	0.292	3.69	2.80	0.051	0.763	13.1	0.338	1.41
3000	0.0114	0.297	3.86	3.39	0.054	0.765	16.0	0.289	0.815
T (°C)	ρ (kg/m^3)	C_p (J/kg·K)	$\mu \times 10^6$ (Ns/m^2)	$\nu \times 10^6$ (m^2/s)	k (W/m·K)	Pr	$\alpha \times 10^6$ (m^2/s)	$\beta \times 10^3$ (1/K)	$\frac{g\beta}{\nu^2}$ (1/K·m^3)
0	1.252	1011	17.456	13.9	0.0237	0.71	19.2	3.66	1.85×10^8
20	1.164	1012	18.240	15.7	0.0251	0.71	22.0	3.41	1.36
40	1.092	1014	19.123	17.6	0.0265	0.71	24.8	3.19	1.01
60	1.025	1017	19.907	19.4	0.0279	0.71	27.6	3.00	0.782
80	0.968	1019	20.790	21.5	0.0293	0.71	30.6	2.83	0.600
100	0.916	1022	21.673	23.6	0.0307	0.71	33.6	2.68	0.472
200	0.723	1035	25.693	35.5	0.0370	0.71	49.7	2.11	0.164
300	0.596	1047	39.322	49.2	0.0429	0.71	68.9	1.75	0.0709
400	0.508	1059	32.754	64.6	0.0485	0.72	89.4	1.49	0.0350
500	0.442	1076	35.794	81.0	0.0540	0.72	113.2	1.29	0.0193
1000	0.268	1139	48.445	181	0.0762	0.74	240	0.79	0.00236

Table A-2 Properties of liquid metals.

Metal, composition, and melting point	T (°C)	ρ (kg/m^3)	C_p (J/kg K)		ν (m^2/s)		k (W/m K)	α (m^2/s)		Pr
Bismuth (271.1℃)	316	10,011	0.1444		1.617		16.4	1.138		0.0142
	538	9,739	0.1545		1.133		15.6	1.035		0.0110
	760	9,467	0.1645		0.8343		15.6	1.001		0.0083
Lead (327.2℃)	371	10,540	0.159		2.276		16.1	1.084		0.024
	482	10,412	0.155		1.849		15.6	1.223		0.017
	704	10,140			1.347		14.9			
Mercury (−38.9℃)	0	13,628	0.1403		1.24		8.2	0.43		0.0288
	20	13,579	0.1394	$\times 10^3$	1.14	$\times 10^{-7}$	8.7	0.46	$\times 10^{-5}$	0.0249
	50	13,506	0.1386		1.04		9.4	0.50		0.0207
Potassium (63.9℃)	149	807.3	0.80		4.608		45.0	6.99		0.0066
	427	741.7	0.75		2.397		39.5	7.07		0.0034
	704	674.4	0.75		1.905		33.1	6.55		0.0029
Sodium (97.8℃)	93	929.1	1.38		7.516		86.2	6.71		0.011
	371	860.2	1.30		3.270		72.3	6.48		0.0051
	704	778.5	1.26		2.285		59.7	6.12		0.0037
NaK (56/44, 19℃)	93	887.4	1.130		6.522		25.6	2.552		0.026
	371	821.7	1.055		2.871		27.5	3.17		0.0091
	704	740.1	1.043		2.174		28.9	3.74		0.0058
NaK (22/78, −11.1℃)	93	849.0	0.946		5.797		24.4	3.05		0.019
	399	775.3	0.879		2.666		26.7	3.92		0.0068
	760	690.4	0.883		2.118					
PbBi (44.5/55.5, 125℃)	149	10,524	0.147				9.05	0.586		
	371	10,236	0.147		1.496		11.86	0.790		0.189
	649	9,835			1.171					

Table A-3 Conversion of unit (Pressure, Momentum flux).

Pa (N/m^2) (kg/m·s^2)	dyne/cm^2 (g/cm·s^2)	lb$_f$/ft^2	lb$_f$/in^2 (psia)	atm	mm Hg
1	10	2.0886×10^{-2}	1.4504×10^{-4}	9.8692×10^{-6}	7.5006×10^{-3}
10^{-1}	1	2.0886×10^{-3}	1.4504×10^{-5}	9.8692×10^{-7}	7.5006×10^{-4}
1.4882	1.4882×10^{1}	3.1081×10^{-2}	2.1584×10^{-4}	1.4687×10^{-5}	1.1162×10^{-2}
4.7880×10^{1}	4.7880×10^{2}	1	6.9444×10^{-3}	4.7254×10^{-4}	3.5913×10^{-1}
6.8947×10^{3}	6.8947×10^{4}	144	1	6.8046×10^{-2}	5.1715×10^{1}
1.0133×10^{5}	1.0133×10^{6}	2.1162×10^{3}	14.696	1	760
1.3332×10^{2}	1.3332×10^{3}	2.7845	1.9337×10^{-2}	1.3158×10^{-3}	1
3.3864×10^{3}	3.3864×10^{4}	7.0727×10^{1}	4.9116×10^{-1}	3.3421×10^{-2}	25.400

Table A-4 Conversion of unit (Energy, Work, Torque).

J ($kg \cdot m^2/s^2$)	ergs ($g \cdot cm^2/s^2$)	ft·Ib$_f$	cal	Btu	kw-hr
1	10^7	7.3756×10^{-1}	2.3901×10^{-1}	9.4783×10^{-4}	2.7778×10^{-7}
10^{-7}	1	7.3756×10^{-8}	2.3901×10^{-8}	9.4783×10^{-11}	2.7778×10^{-14}
4.2140×10^{-2}	4.2140×10^5	3.1081×10^{-2}	1.0072×10^{-2}	3.9942×10^{-5}	1.1706×10^{-8}
1.3558	1.3558×10^7	1	3.2405×10^{-1}	1.2851×10^{-3}	3.7662×10^{-7}
4.1840	4.1840×10^7	3.0860	1	3.9657×10^{-3}	1.1622×10^{-6}
1.0550×10^3	1.0550×10^{10}	778.16	2.5216×10^2	1	2.9307×10^{-4}
2.6845×10^6	2.6845×10^{13}	1.9800×10^6	6.4162×10^5	2.5445×10^3	7.4570×10^{-1}
3.6000×10^6	3.6000×10^{13}	2.6552×10^6	8.6042×10^5	3.4122×10^3	1

Table A-5 Conversion of unit (Viscosity, Density times Diffusivity).

Pa·s (kg/m·s)	g/cm·s (poises)	centipoises	lb_m/ft·s	lb_m/ft·hr	$lb_f \cdot s/ft^2$
1	10	10^3	6.7197×10^{-1}	2.4191×10^3	2.0886×10^{-2}
10^{-1}	1	10^2	6.7197×10^{-2}	2.4191×10^2	2.0886×10^{-3}
10^{-3}	10^{-2}	1	6.7197×10^{-4}	2.4191	2.0886×10^{-5}
1.4882	1.4882×10^1	1.4882×10^3	1	3600	3.1081×10^{-2}
4.1338×10^{-4}	4.1338×10^{-3}	4.1338×10^{-1}	2.7778×10^{-4}	1	8.6336×10^{-6}
4.7880×10^1	4.7880×10^2	4.7880×10^4	32.1740	1.1583×10^5	1

Table A-6 Conversion of unit (Thermal conductivity).

W/m·K or $kg \cdot m/s^3 \cdot K$	$g \cdot cm/s^3 \cdot K$ or erg/s·cm·K	$lb_m ft/s^3F$	lb_f/s·F	cal/s·cm·K	Btu/hr·ft·F
1	10^5	4.0183	1.2489×10^{-1}	2.3901×10^{-3}	5.7780×10^{-1}
10^{-5}	1	4.0183×10^{-5}	1.2489×10^{-6}	2.3901×10^{-8}	5.7780×10^{-6}
2.4886×10^{-1}	2.4886×10^4	1	3.1081×10^{-2}	5.9479×10^{-4}	1.4379×10^{-1}
8.0068	8.0068×10^5	3.2174×10^1	1	1.9137×10^{-2}	4.6263
4.1840×10^2	4.1840×10^7	1.6813×10^3	5.2256×10^1	1	2.4175×10^2
1.7307	1.7307×10^5	6.9546	2.1616×10^{-1}	4.1365×10^{-3}	1

Table A-7 Conversion of unit (Momentum diffusivity, Thermal diffusivity, Molecular diffusivity).

m^2/s	cm^2/s	ft^2/hr	centistokes
1	10^4	3.8750×10^4	10^6
10^{-4}	1	3.8750	10^2
2.5807×10^{-5}	2.5807×10^{-1}	1	2.5807×10^1
10^{-6}	10^{-2}	3.8750×10^{-2}	1

Table A-8 Conversion of unit (Heat transfer coefficient).

W/m²K (J/m²s·K) kg/s³K	W/cm²K	g/s³K	lb_m/s^3F	$lb_f/ft \cdot s \cdot F$	cal/cm²s·K	Btu/ ft²hr·F
1	10^{-4}	10^{3}	1.2248	3.8068×10^{-2}	2.3901×10^{-5}	1.7611×10^{-1}
10^{4}	1	10^{7}	1.2248×10^{4}	3.8068×10^{2}	2.3901×10^{-1}	1.7611×10^{3}
10^{-3}	10^{-7}	1	1.2248×10^{-3}	3.8068×10^{-5}	2.3901×10^{-8}	1.7611×10^{-4}
8.1647×10^{-1}	8.1647×10^{-5}	8.1647×10^{2}	1	3.1081×10^{-2}	1.9514×10^{-5}	1.4379×10^{-1}
2.6269×10^{1}	2.6269×10^{-3}	2.6269×10^{4}	32.1740	1	6.2784×10^{-4}	4.6263
4.1840×10^{4}	4.1840	4.1840×10^{7}	5.1245×10^{4}	1.5928×10^{3}	1	7.3686×10^{3}
5.6782	5.6782×10^{-4}	5.6782×10^{3}	6.9546	2.1616×10^{-1}	1.3571×10^{-4}	1

Table A-9 Conversion of unit (Mass transfer coefficient).

kg/m²s	g/cm²s	lb_m/ft^2s	lb_m/ft^2hr	lb_fs/ft^3
1	10^{-1}	2.0482×10^{-1}	7.3734×10^{2}	6.3659×10^{-3}
10^{1}	1	2.0482	7.3734×10^{3}	6.3659×10^{-2}
4.8824	4.8824×10^{-1}	1	3600	3.1081×10^{-2}
1.3562×10^{-3}	1.3562×10^{-4}	2.7778×10^{-4}	1	8.6336×10^{-6}
1.5709×10^{2}	1.5709×10^{1}	32.1740	1.1583×10^{5}	1

Table A-10 Blackbody radiation functions.

λT ($m\text{K} \times 10^3$)	$\frac{E_b(0 \to \lambda T)}{\sigma T^4}$	λT ($m\text{K} \times 10^3$)	$\frac{E_b(0 \to \lambda T)}{\sigma T^4}$
0.2	0.341796×10^{-26}	6.2	0.754187
0.4	0.186468×10^{-11}	6.4	0.769282
0.6	0.929299×10^{-7}	6.6	0.783248
0.8	0.164351×10^{-4}	6.8	0.796180
1.0	0.320780×10^{-3}	7.0	0.808160
1.2	0.213431×10^{-2}	7.2	0.819270
1.4	0.779084×10^{-2}	7.4	0.829580
1.6	0.197204×10^{-1}	7.6	0.839157
1.8	0.393449×10^{-1}	7.8	0.848060
2.0	0.667347×10^{-1}	8.0	0.856344
2.2	0.100897	8.5	0.874666
2.4	0.140268	9.0	0.890090
2.6	0.183135	9.5	0.903147
2.8	0.227908	10.0	0.914263
3.0	0.273252	10.5	0.923775
3.2	0.318124	11.0	0.931956
3.4	0.361760	11.5	0.939027
3.6	0.403633	12	0.945167
3.8	0.443411	13	0.955210
4.0	0.480907	14	0.962970
4.2	0.516046	15	0.969056
4.4	0.548830	16	0.973890
4.6	0.579316	18	0.980939
4.8	0.607597	20	0.985683
5.0	0.633786	25	0.992299
5.2	0.658011	30	0.995427
5.4	0.680402	40	0.998057
5.6	0.701090	50	0.999045
5.8	0.720203	75	0.999807
6.0	0.737864	100	1.000000

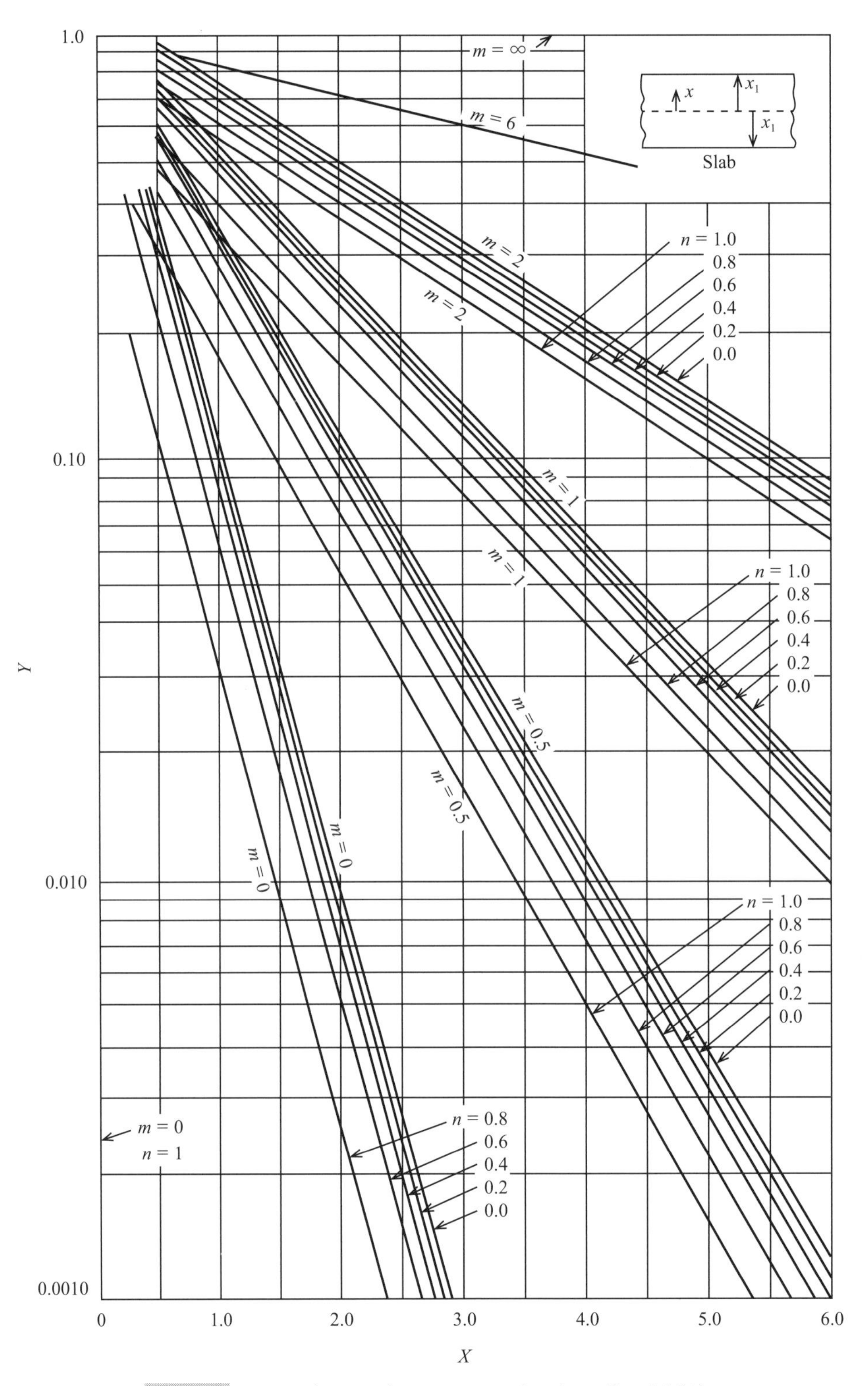

Fig. A-1 Unsteady-state heat transport in a long flat slab(1).

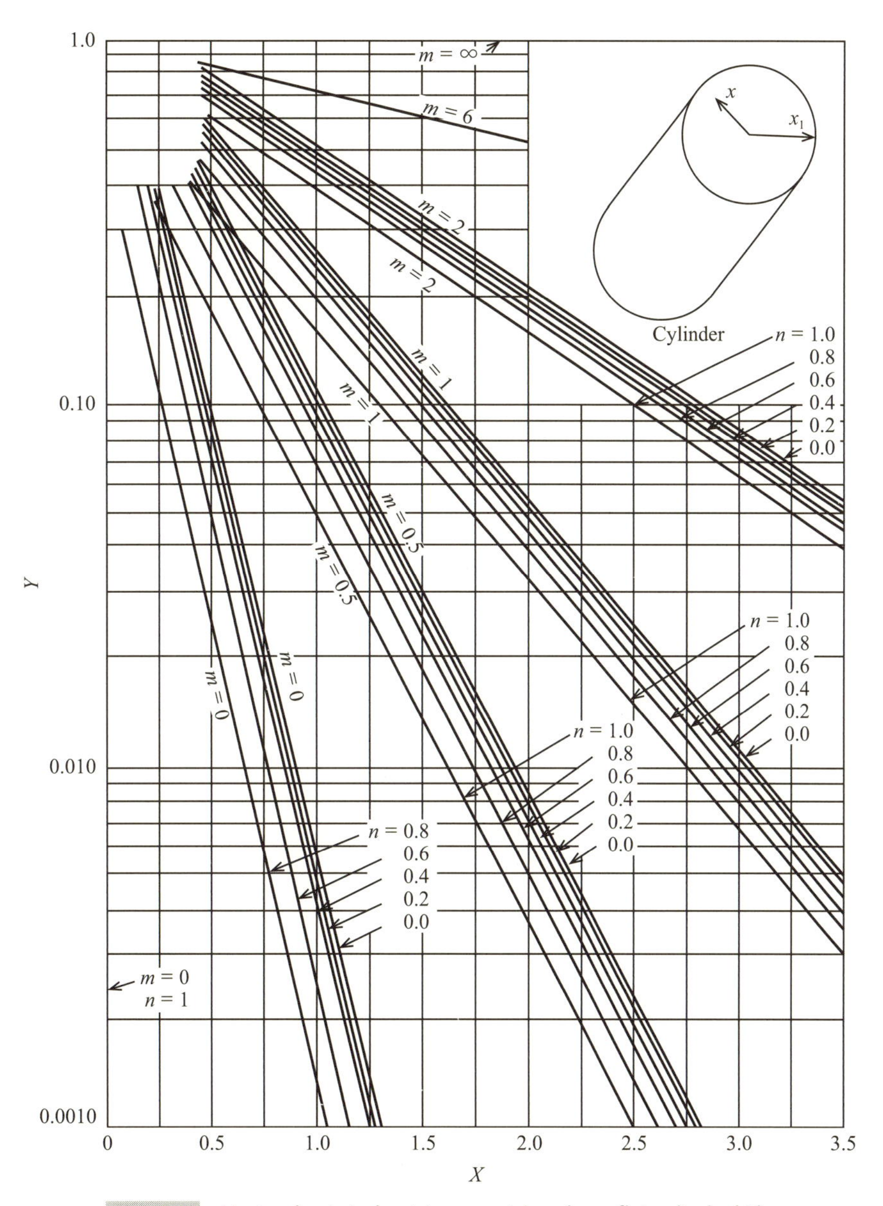

Fig. A-2 Unsteady-state heat transport in a long flat cylinder(1).

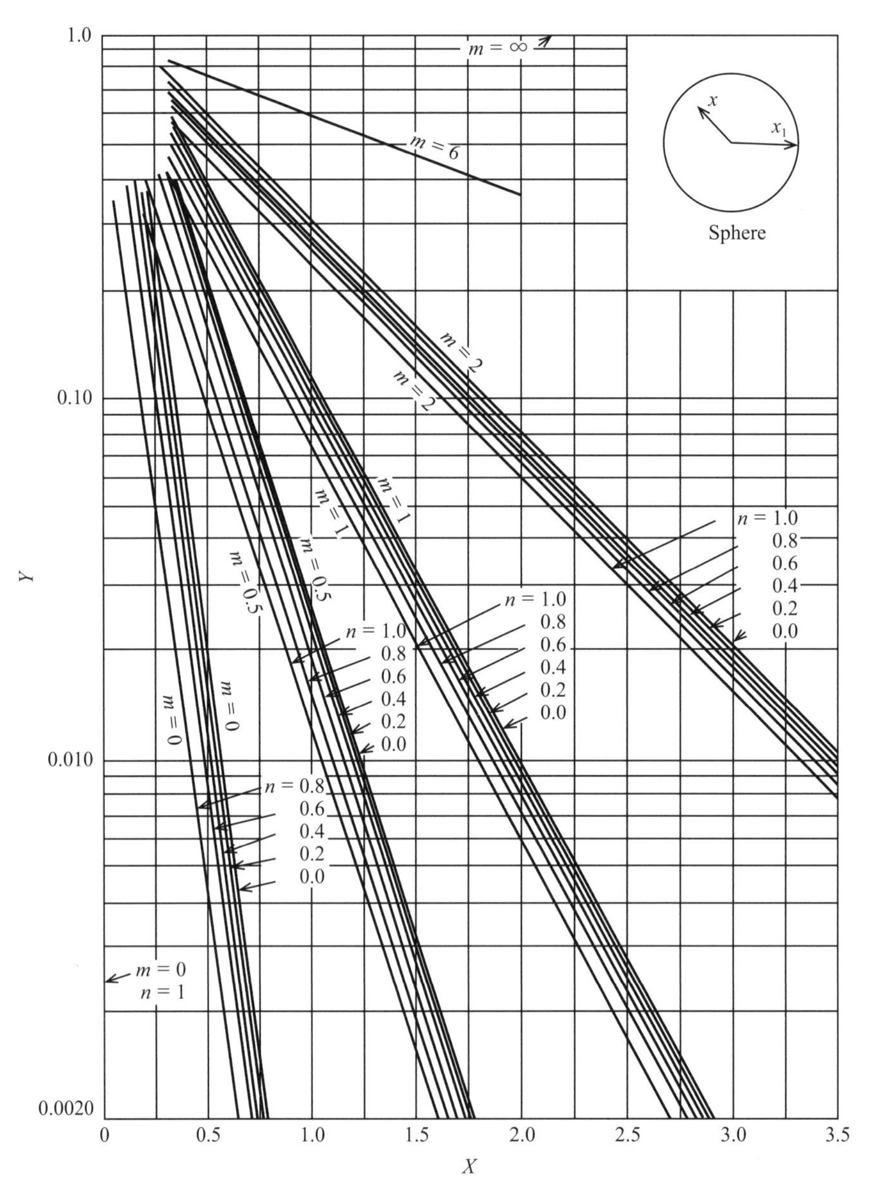

Fig. A-3 Unsteady-state heat transport in a sphere(1).

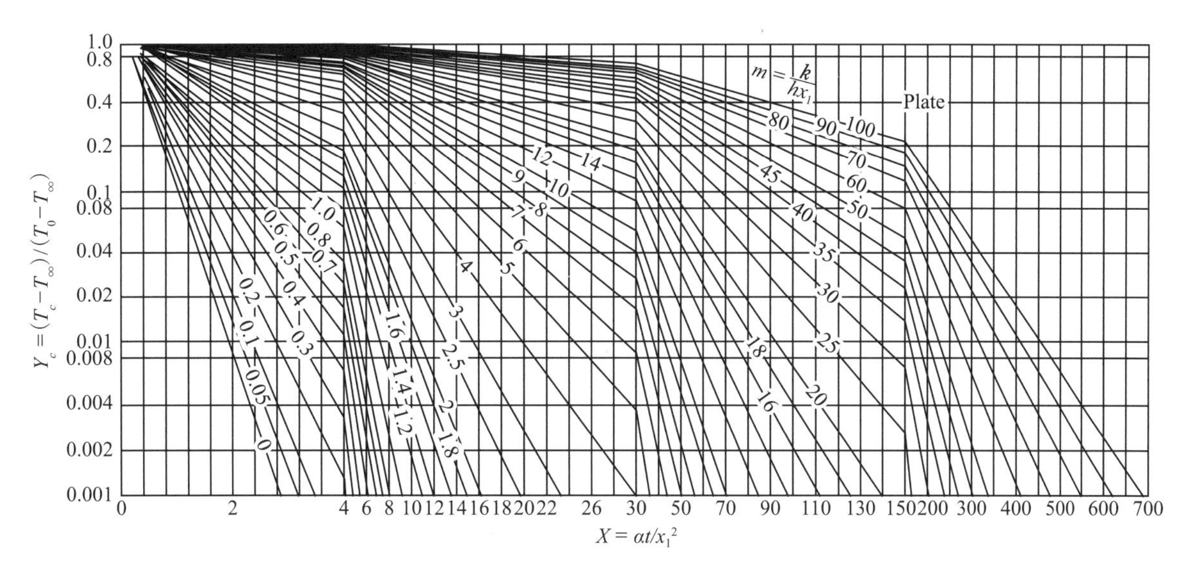

Fig. A-4 Unsteady-state heat transport in a long flat slab(2).

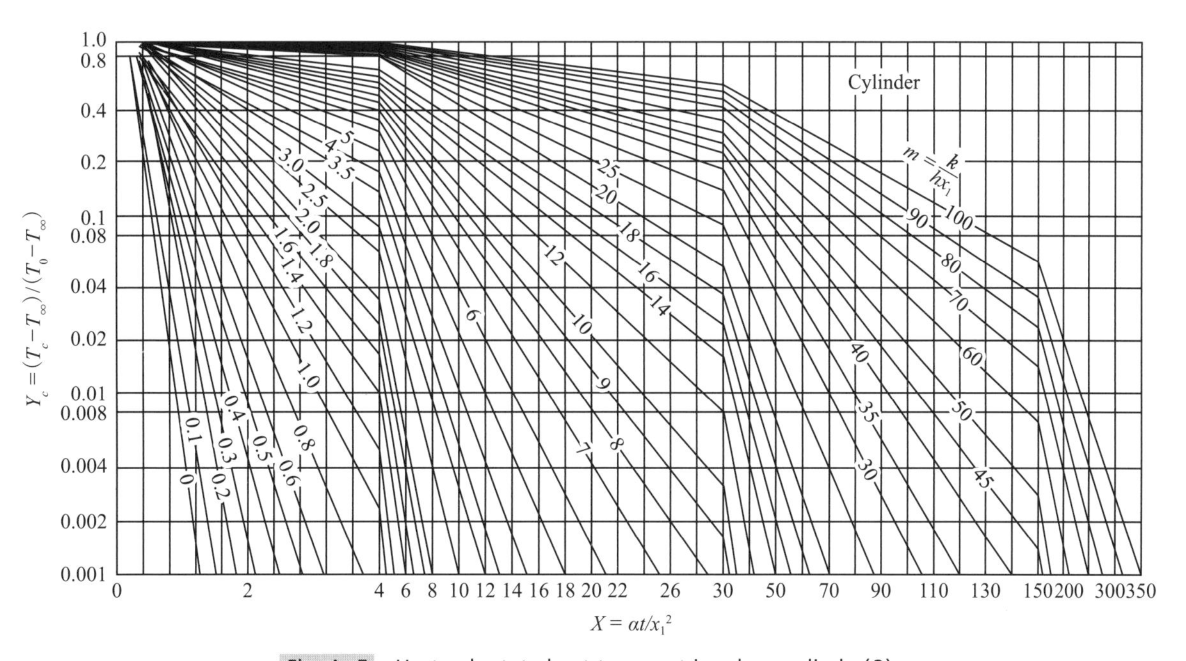

Fig. A-5 Unsteady-state heat transport in a long cylinder(2).

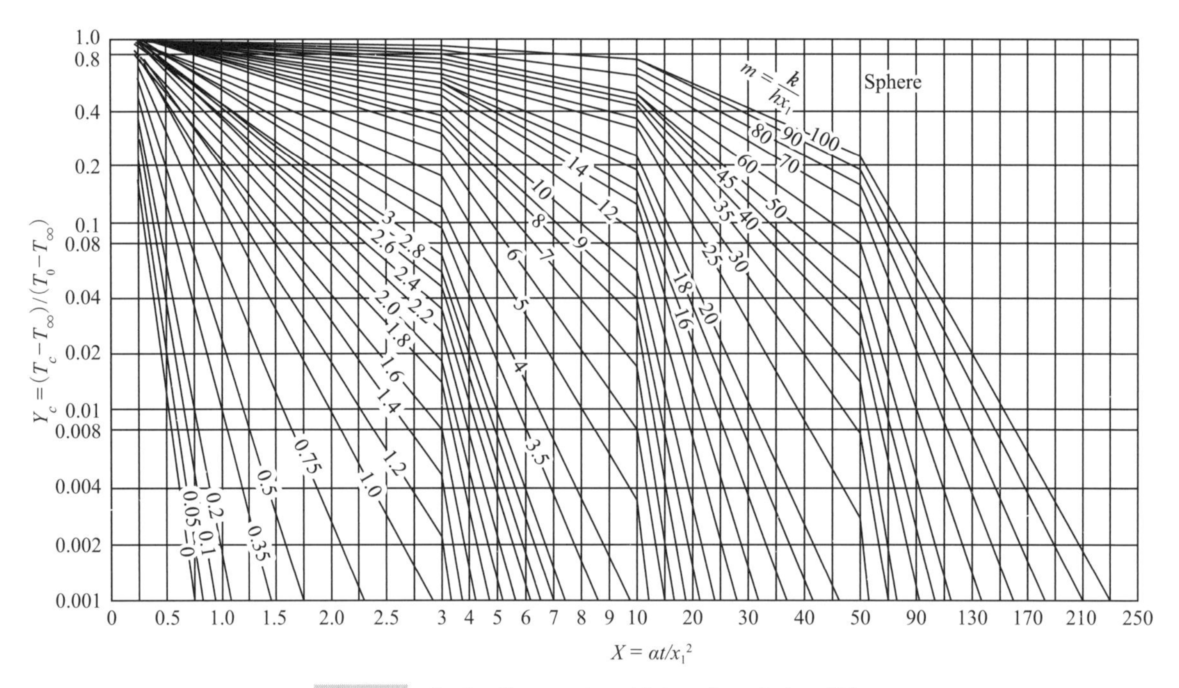

Fig. A-6 Center Temperature History for a Sphere(2).

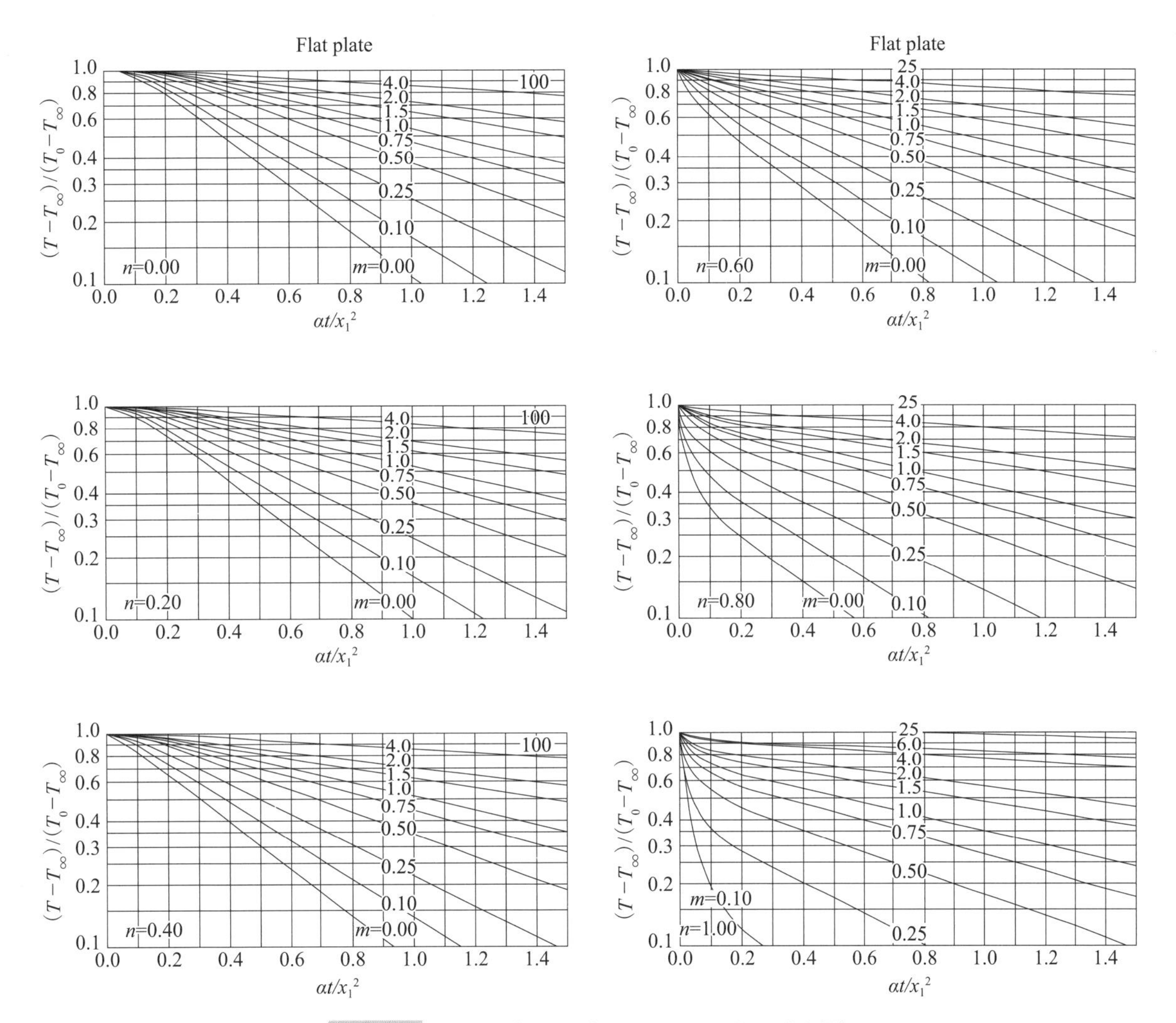

Fig. A-7 Unsteady-state heat transport in a slab(3).

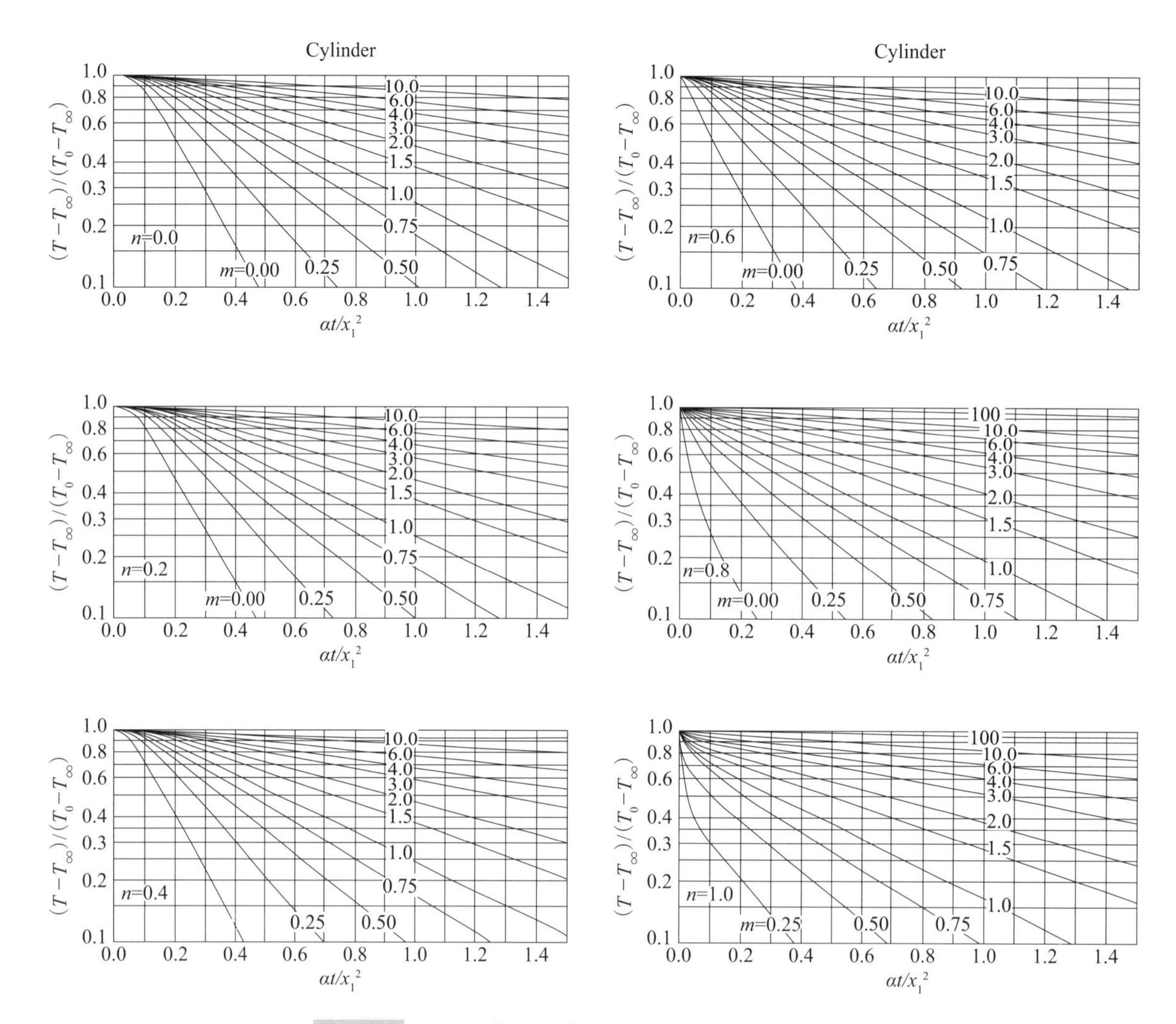

Fig. A-8 Unsteady-state heat transport in a cylinder(3).

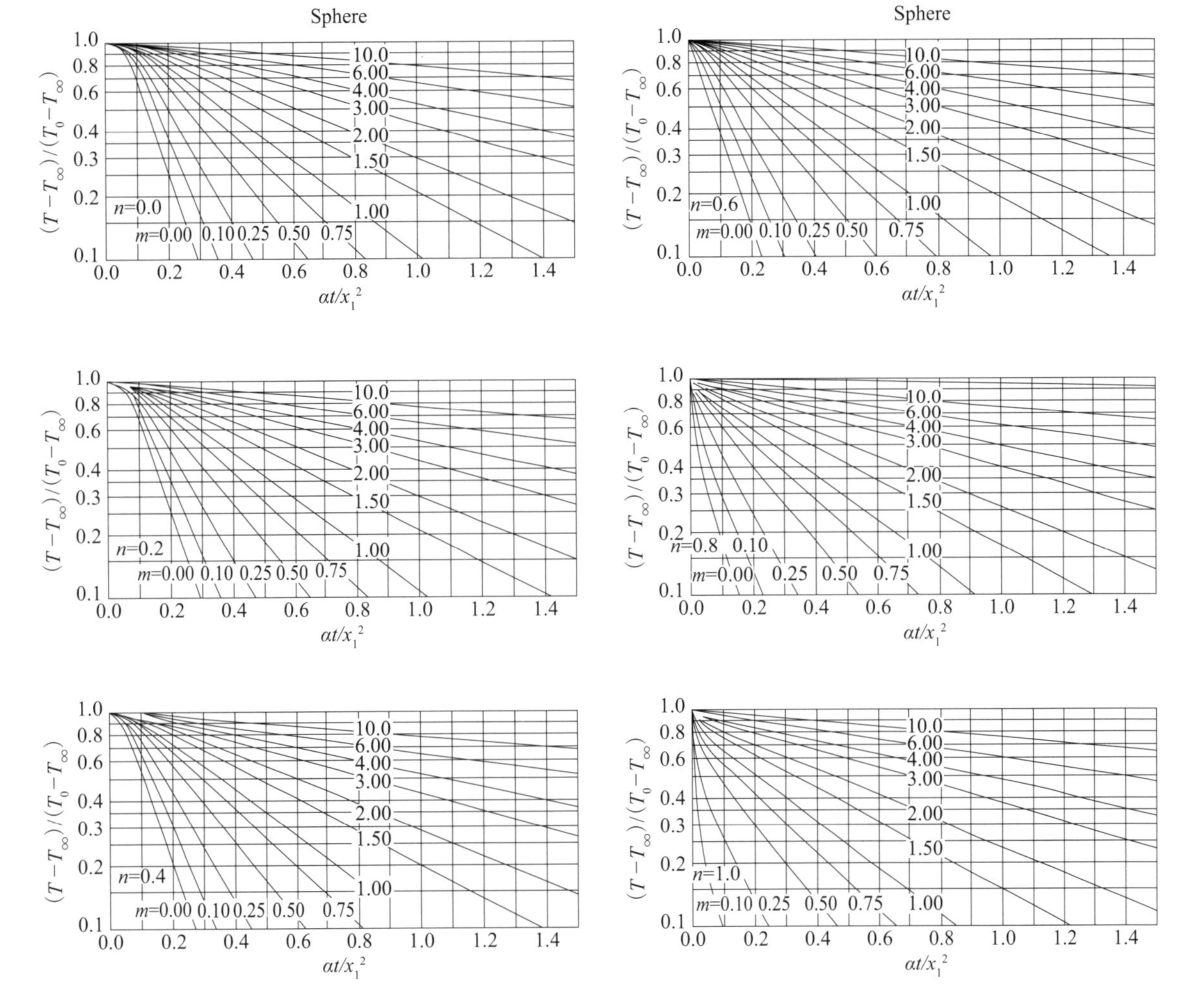

Fig. A-9 Unsteady-state heat transport in a sphere(3).

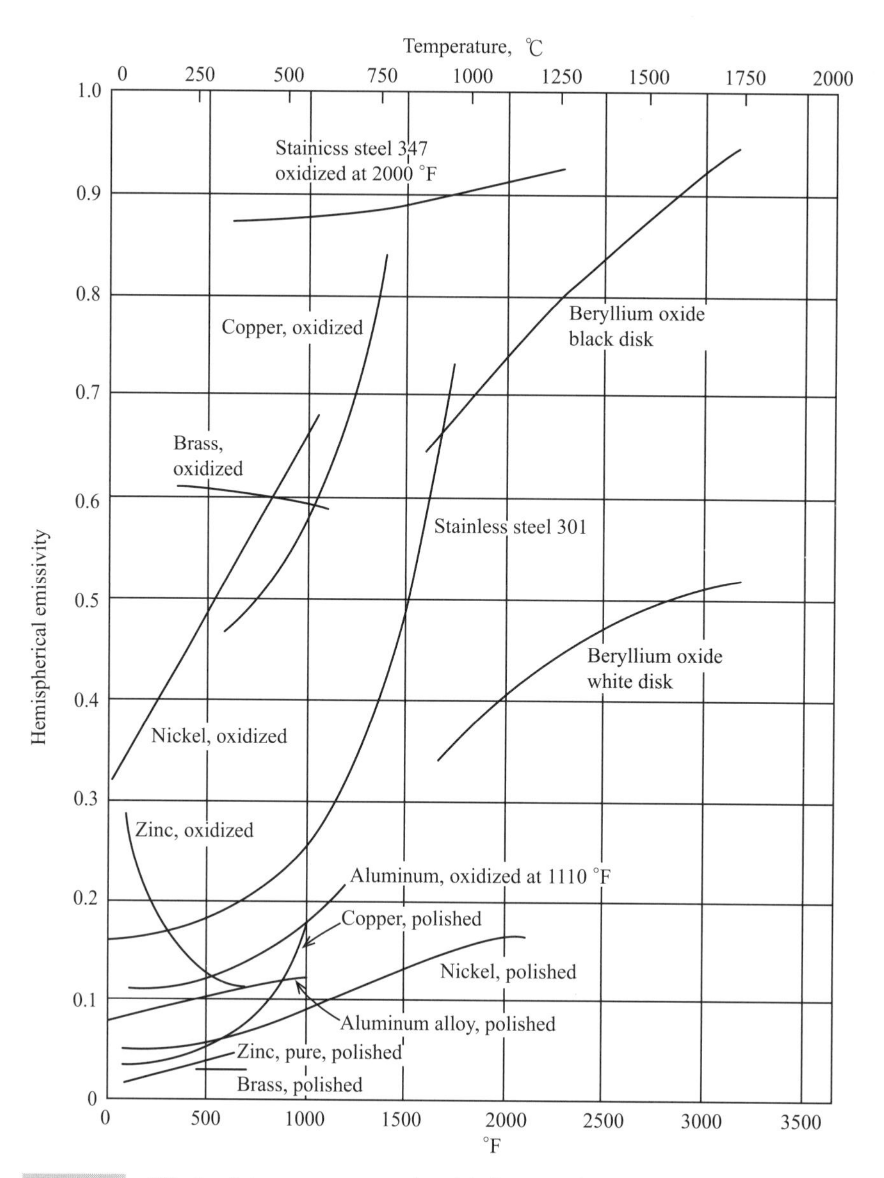

Fig. A-10 Effect of temperature and oxidation on hemispherical emissivity of metals.

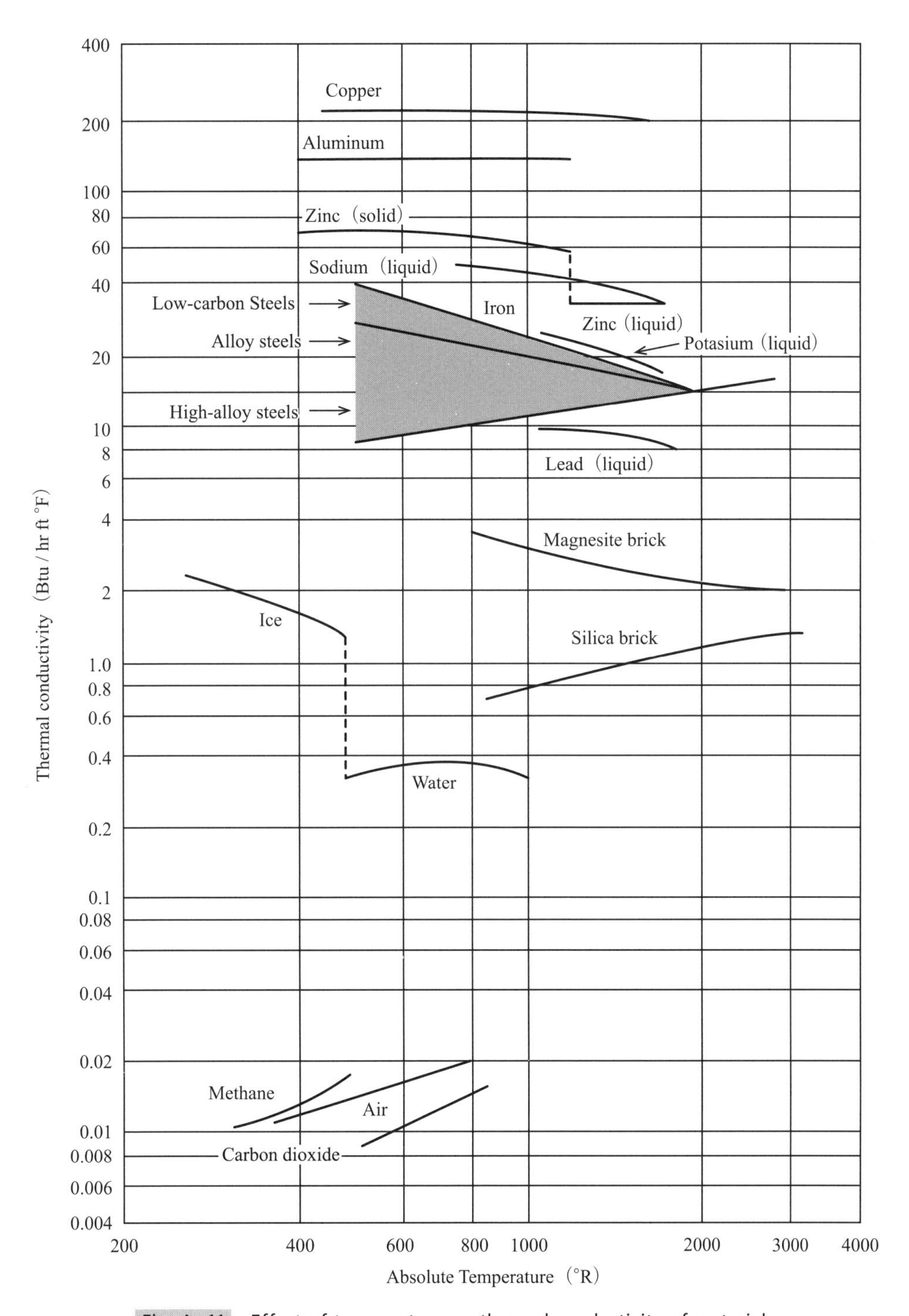

Fig. A-11 Effect of temperature on thermal conductivity of meterials.

References

1) Frank Kreith, "*Principles of Heat Transfer*", 3rd Edition, Crowell, (1973).
2) R. B. Bird, W. E. Stewart, E. N. Lightfoot, "*Transfer Phenomena*", Revised 2nd Edition, John Wiley & Sons, Inc., (2007).
3) J. Szekely, N. J. Themelis, "*Rate Phenomena in Process Metallurgy*", John Willey & Sons, Inc., (1971).
4) 谷口尚司，八木順一郎，『材料工学のための移動現象論』，東北大学出版会，(2011).
5) 竹内栄一，田中敏宏，『高温材料プロセスにおける物質移動の基礎とケーススタディー』，大阪大学出版会，(2015).
6) S. Yamaguchi, T. Fujii, N. Yamamoto, T. Nomura; "*R & D*" *Kobe Steel Engineering Reports*, (2012), 12-21.
7) 『鉄ができるまで／Making of Iron & Steel』，(一社)日本鉄鋼連盟, (2015).
8) J. Sengupta, B. G. Thomas, M. A. Wells; *Metall. Trans.* A, 187-204, (2005).
9) Y. Ueno, S. Sugiyama, K. Kunioka; *Tetsu-to-Hagane*, 2117-24, (1981).
10) I. V. Samarasekera, J. K. Brimacombe; *Can. Met. Quart.*, 251-66, (1979).
11) E. Takeuchi, J. K. Brimacombe; *Metall. Trans.* B, 493-509, (1984).
12) P. C. Campbell, E. B. Hawbolt. J. K. Brimacombe; *Metall. Trans.* B, 2769-78, (1991).

(注) 熱移動のテキストは国内外で多数刊行されており、1)の文献は代表的なもののひとつとして紹介した。

あとがき

J. Keith Brimacombe博士とIndira V. Samarasekera博士に改めて感謝いたします。

テキスト中の「Problems and Solutions」における問題や解答の編集にあたって、大阪大学大学院工学研究科の鈴木賢紀博士、中本将嗣博士にご協力いただきました。また、第Ⅲ章の数値解析に関する解説について、新日鐵住金株式会社の藤健彦博士に有益なご意見をいただきました。ここに感謝の意を表します。

手書きのノートから電子ファイルを作成していただきました事務補佐員の藤原照美氏、原稿の取りまとめや変更に対応いただきました大阪大学出版会の栗原佐智子氏に感謝いたします。

平成28年7月30日

著者

Index

著者紹介

竹内 栄一（たけうち えいいち）
1977年　九州大学大学院工学研究科修了、新日本製鐵（株）
1982年　ブリティッシュコロンビア大学留学
1984年　Ph.D.取得後、新日本製鐵（株）
2011年　大阪大学大学院工学研究科教授（現職）
企業においては連続鋳造プロセスへの電磁力適用の研究開発、大学においてはプロセス反応工学分野の教育・基礎研究を中心に活動。
主な受賞歴としてHenry Marion Howe Medal/American Society for Metals（1986年）、John Chipman Award/Iron and Steel Society（1987年）、Best Paper Award/Canadian Institute of Mining, Metallurgy and Petroleum（2001年）、功績賞/日本金属学会（1996年）、西山記念賞／日本鋼鉄協会（2003年）など。

田中 敏宏（たなか としひろ）
1985年　大阪大学大学院工学研究科修了（工学博士）、大阪大学助手
1989年　ドイツ・アーヘン工科大学・理論冶金研究所・フンボルト財団研究員として1年間滞在
1995年　大阪大学工学部助教授
2002年　大阪大学大学院工学研究科教授（現職）
高温材料プロセスにかかわる界面現象・材料物理化学の分野を中心に活動。
主な受賞歴として、俵論文賞/日本鉄鋼協会（1984年）、本多記念研究奨励賞/本多記念会（1986年）、西山記念賞/日本鉄鋼協会（1996年）、功績賞/日本金属学会（2001年）、論文賞/日本金属学会（2004年）、学術功績賞/日本鉄鋼協会（2007年）など。

高温材料プロセスにおける
熱移動の基礎とケーススタディー
Metallurgical Heat Transfer *— from a lecture note of Professors Brimacombe and Samarasekera*

2016年10月1日　初版第1刷発行　［検印廃止］

著　者　竹内栄一，田中敏宏

発行所　大阪大学出版会
代表者　三成賢次
〒565-0871　大阪府吹田市山田丘2-7
大阪大学ウエストフロント
電話（代表）06-6877-1614
FAX　06-6877-1617
URL　http://www.osaka-up.or.jp

印刷・製本　亜細亜印刷株式会社

ISBN 978-4-87259-566-6 C3057